專　　業

月餅製作大全
《暢銷紀念版》

The Art of
Chinese Moon Cake
Baking

曹健◎著

廣式、台式、蘇式、冰皮月餅
商業製餡配方大公開

飲食文化的傳遞・製餅技藝的延續

理想與傳承

在出版這個行業工作了一段不算短的時間，累積的年資愈久，愈感受到每一本書面世的過程，都呈現出一位或一組工作人員的堅持。鎂光燈照耀的總是封面上光鮮明晰的象徵符號，唯有真正進入出版領域的工作者，才會為書後許多幽微的因緣感動。

2002年台北國際書展期間，某日散場前，我們城邦的展攤突然出現一位長者，經過同事的帶領，我和曹伯伯初次會面。弄清楚曹伯伯想表達的意思，我們約在展期結束後碰面，就他的出書計畫進行討論。當時，曹伯伯表明希望將畢生學習月餅的寶貴技術和經驗，化為文字，減少同業及後進學習這門技術的困難和失敗的機會。

論起傳統節慶食品，月餅實在是完美結合文化象徵、色澤口感及造型工藝的最佳代表。然而，儘管各式月餅多少總有嘗過，但真的要清清楚楚說出個所以然來，我想能辦得到的人恐怕還是相當有限。對應於華文出版的數量來說，類別的不均，限制了許多專職知識傳播和積澱的機會。正因於此，積木在決定出版這類專業書籍時，往往考量出版價值甚於市場價值。

然而，不論背後支持我們出版的理念有多麼強大，真正要開始工作時，負責的編輯直接面對數量龐大且不規範的手寫稿，才發現這本書的製作難度超過想像，包括邏輯統整、架構重理、配方檢查、步驟拍攝……，要處理的項目之專業之繁瑣，實足以讓人卻步。編輯這本書不只需要一位優秀的編輯全心投入，若是沒有實際的烘焙經驗，恐怕還是難以切中要旨；因此，雖然我們早早交付打字行轉化了第一道手續，然距離成書之遙，恐怕難以道里計，也因此，在找不到適合的解決辦法下，更深恐辜負了作者的重託，我們只好暫緩出版；這一擱，就等到現在這本書的責編淑蘭加入我們的工作團隊，才出現曙光。

這就是所謂一本書的因緣。

《專業月餅製作大全》有機會出版面世，完全是靠作者的決心、編輯的毅力，和審訂老師的悉心校訂。經過了相當時間的等待，總算完成艱辛的編輯過程，成為第一本專業的月餅學習工具書。這本書的出版並無前例，在能力所及的範圍內，我們已竭力嘗試所有的可能，希望踏下堅實的步伐；然而，疏漏卻仍然在所難免，期望所有關心這個產業的朋友，萬勿吝於給我們意見，無論是鼓勵或建議。唯有大家支持，才能灌溉一方沃土，給予閱讀百花齊放的空間。

積木文化總編輯
蔣豐雯 2004年8月

推薦序

百分百的食品技術實踐家

　　我在食品工業界工作已長達 30 年，而與本書作者曹健先生認識交往應該也有 20 多個年頭了。我們雖然一直無緣在同一單位或公司共事，但這麼多年來，不論在台灣、東南亞或中國大陸的食品工業發展路上，都有我步在曹健先生後塵的足跡。

　　就我所知，曹先生是一個百分百的食品技術實踐家，早期台灣與東南亞的脫水水果及調味醬料加工產業技術，可說都是由他參與開創拓荒。後來 90 年代初期在中國上海的冷凍調理食品與烘焙加工業發展途中，也有曹先生的身影。他令人尊敬的還不是這些產業的拓荒事蹟，最令我感佩的是他對食品加工學理的孜孜研究與窮問追察的態度。他常常為了一個小的生產技術問題或配料原理沒有獲得滿意的解釋，可以不遠千里，不厭其煩地登門求救或討論求證。甚至為了主持上海的月餅烘焙工廠，還排除萬難，設法放下廠務親自到台灣八里的穀類食品研究所之烘焙班受訓，不但親自實習操作實務，課間也常提出一些令講師都難以回答的加工原理性問題。這種嚴謹的好學治學態度，實在是年輕輩的榜樣。

　　本書是曹健先生多年來經營月餅烘焙工廠的嘔心瀝血之作，不但有許多書上難載的寶貴實務經驗，難得的是作者將許多在老師傅級認為是「撇步」的秘方，毫無保留地加以學理闡釋詮明。同樣是做為一個大半生都從事食品生產與研發的技術者而言，閱讀之餘，直有「文章千古事，得失寸心知」之讚。特樂為之序，也聊表吾發自內心對這位食品產業的技術前輩之敬。

味丹國際控股股份有限公司

食品顧問 **陳賢哲**　2004 年 6 月

推薦序

務實與理想的實踐

　　月餅為我國最古老眾多傳統糕點的一種。自從公元前 1110 年周文王制訂禮制，一般喜慶葬、祭祀典禮、年節序象，都有一定的禮數與貢祭的食品，代表喜慶的品有和生餅、喜餅、麻餅、米餅之類。中國地幅廣大，各地因風俗習慣與產物有別，因此各地都有類似性的代表食品隨俗應景。沿傳至後代，在中秋節日則以月餅為特定糕點。月餅的種類，因地區民俗、及選料製作方法之不同，大致可分為廣式漿皮月餅、蘇式油酥月餅、北方提漿月餅及台式的翻毛月餅（豐原月餅），以及兩面煎月餅等等。每種月餅除餅皮質地與製作方法不同外，其內餡更是林林總總變化多端。一個烘焙師傅想瞭解每個月餅的標準規格和製作程序，做出一個高品質的月餅，必須先瞭解餅皮和餡料的調製；而單是餅皮的製作，除了選料、配方之外，更需要瞭解原料的規格和調製的過程，非一般想像中把配方中各種原料混合一起做成餅皮即能竟工者，而餅餡的配製更需要具備選料的常識，以及加工繁瑣的步驟，所以想做一個高品質的月餅，不但要好的原料，而且更要瞭解原料如何正確用在加工上。月餅種類眾多，想要瞭解每種月餅調製的方法，除非長年追隨著有經驗的老師傅們，細心揣摩、親手調製，從長年工作中獲取經驗外，難能從別處學到做月餅的技藝，但這種學習方法如遇到原料的變更、環境的不同，馬上會遭遇意想不到的麻煩，無法烤焙出一個好品質的月餅。

　　本書作者曹健先生，出身省立農專，對食品加有深厚的基礎，歷年來從事各種不同食品加工生產要職，對設廠、管理、經營累積豐富的經驗。當其在 1990 年間擔任上海申冠食品公司技術總經理時初涉月餅生產，因在開始想了解月餅製作的方法與程序，始終未能獲得理想的需求，且市面上對月餅製作無翔實的書籍或資料可供參考，而月餅製作又如此的博大精深，乃下定決心遍訪良師，由基礎選料、依據配方程序做起，再進一步瞭解各種原料組合對產品性質的探討，以及每一加工步驟的要訣與機制，詳加記述，其衷心的目的，在其自序的記述中表達無遺，想把自己研究正確的月餅製作方法，用文字記述下來，供一般有興趣的專職烘焙技師、烘焙科系的學生，以及自行習作的人士，參考製作一個高品質的月餅。曹健先生的心意和做法，確令人欽佩和讚揚。綜觀全書對月餅的分類，及每類月餅選料的重點，每一加工步驟的細節，都詳盡而切實。尤其後段對月餅製作常發生的不良原因，做出詳盡的解釋，誠為一本高格調、極有參考價值的好書，是我烘焙界一大福音，特作序廣為推薦。

中華穀類食品工業技術研究所

前副董事長 **徐華強** 2004 年 7 月

推薦序

揭開月餅美饌之秘

　　作者曹健先生是我所認識的人當中，唯一對月餅具有深遠愛好與研究者，尤其是對廣式月餅、酥皮月餅的偏愛，他自年輕執教農校加工科特向一位西點大師學做月餅，因為秘笈不傳授，結果所學無門。他一直在工廠工作期間，想尋找月餅的書籍，均無如願獲得，這中間也刻意拜訪中點大廚，均不得正確配方。一直到在泰國工作中偶然的機會，協助一間黑豆醬油工廠，振衰起敝，因對方的酬謝，安排到烘焙學校接受正規的各式西點麵包技藝，最後作者希望能學習月餅的全套製作技術，上天不負苦心人，終能實現著者放在心中很久的願望，學到熬糖漿、糖焦色、皮包餡、整形、烘焙、包裝等技術。

　　作者到中國大陸上海擔任西點麵包、冷凍調理總經理職務，並負責全廠技術指導，剛好得以配合業務而有機會將所學發揚光大。六年來他均在西點工廠中工作，每到中秋大量生產各式月餅銷售，及北到北京、天津之魚翅酒樓，南到杭州、寧波等地。作者更吸收預售月餅會中，各大師的寶貴實務經驗，以充實自己，同時更有機會接受台灣澱粉實務的權威陳賢哲博士的指導，學習到製餡的秘笈，藉以補強自己在月餅實務中之不足而能更加充實。

　　作者迄今除短暫的三年執教外，均在外銷食品工廠從事各種食品加工業務，對糖、油脂、麵粉、澱粉等均特別喜愛，也因為有多方面的工作經驗，才能夠將月餅的菁華用文字與圖片，深入淺出提供給各位讀者參考。

　　作者自我充實的精神委實可嘉，而且一直不停地到中華穀類食品工業技術研究所接受西點麵包開店及中秋月餅班的研習。

　　本書中以小型餅舖與製餅工廠兩大主軸，分別針對不同的營業特質提供適切的月餅製作技術。本書除了公布許多私藏的月餅製作秘笈外，在後半的工廠篇更提供許多商業製餡作法，更難得的是，重要的實務均一一詳加說明，甚至還包括控管雜菌污染等項目。

　　作者的心願及勇氣，無私奉獻的精神與不斷學習的態度，令人欽佩，故本人樂予為序，以示鼓勵作者用心的上進努力，更希望讀者能有機會深入了解本書，更進一步觸類旁通，繼而創新發揚光大祖先留給我們的美饌，不也是美事一樁！

國立高雄餐旅學院

創辦人 **李福登** 2004 年 7 月

審訂序

月餅技術的知識寶庫

　　中秋節，是糕餅製造業一年中最盛大、慎重的日子，但一談到月餅，大家難免會對月餅的衛生、營養及製造等等的問題特別重視，尤其月餅製作之問題更是大家注意的焦點。

　　長久以來，月餅與餅餡的製作都是祖傳秘方，因此資訊有限，這是本所開辦豆餡月餅班廣為推廣的原因，也是全國獨一無二的訓練課程。在前後十餘年，上千人參與之中，本書作者曹健先生是較為特殊的一位，因為他的年齡較大，又有工廠的實務經驗，因此上課時特別認真，結業後也常以工廠實務與本所的教學理論相互核對，遇有問題則來電或傳真相互磋商，他的好學與追求正確的實務精神，實非一般人能比。

　　時光飛逝，他退休了，而且將一生研究月餅生產的經驗彙集出書，實屬難能可貴。書中有他畢生的典藏經驗，有他實務的工廠經驗，有他學習後的綜合經驗，同時也有現代的資訊及早期糕餅業的祖傳資料，林林總總，毫不保留地在書中呈現，他的無私與著書保留中華飲食文化的精神，實令人敬佩。

　　因為月餅製作非常專業，方法也很多，各有不同的見解，尤其月餅餅皮所用轉化糖漿、鹼水、麵粉、糖、油脂及膨大劑，性質不同時其配方就不同；餡料的炒製更是一門大學問：如原料的選用、前處理、炒製的火候、終點的判斷、儲存及包餡前的處理……等，再加上月餅的製作與烘烤、包裝的技術，實非一般人所能了解，所以在此審訂謹作部分數據、程序、製作流程及語意之修正，本書文辭描述則保留曹先生之經驗與觀點。

　　以上關於月餅製作的技巧與常識，均可由本書中獲得，但一定要親身體驗，多加練習與製作，成功不是偶然的，而是在不停的實驗中獲得。本書作為一本專業工具書，而非一般的食譜，它是一本知識寶庫，慢慢的看、細心的研判，相信可由本書中得到許多意外的驚喜，因為技術傳承是無價之寶。

中華穀類食品工業技術研究所傳統食品組

組長 **周清源**　2004 年 8 月

作者序

月餅技藝的傳承之路

　　筆者自幼就喜愛跟隨母親身旁，學習各種麵食點心製作。在早期農村時代，食品加工極為少見，因此引發長大要作一個食品加工的鬥士，並捨大學就專科，趨志走向食品加工化學及捨執教下工廠開始紮根的路。

　　當執教農產食品加工科高農職校時，某次有機會向西餅麵包店師傅學習製作月餅，當時師傅告訴我：「只要將麵粉、麥芽糖、鹼水、糖粉依配方混合攪拌，就能做出月餅皮，包餡入模一敲就成型，入爐烘烤後便是月餅。」筆者回去按照所述依樣畫葫蘆，但卻屢做屢敗，不但餅硬如鐵，且由餅腰處橫裂一圈成上下二截。再回去請示，師傅依然如此告知，其中秘笈一概不說。筆者這種失敗的心情一直深藏心底，總希望有朝一日能在工廠實務工作中得到學習機會。

　　而一等十多年過去，想要成功的心意越來越堅定。剛好在泰國曼谷工作時，偶然之中挽救了一家即將倒閉的黑豆醬油，產品暢銷曼谷市。該老闆原為泰國麵粉廠之大股東，為了表示感謝，便安排我到他的烘焙學校免費學習西點麵包。當時在兩位老師的指導下學會了西點麵包製作，之後我特別提出心中等待了十幾年的希望，要求學習月餅的製作祕笈。當年對方還特別要求我在學成之後絕不能在曼谷當地開設月餅店，而筆者十多年來耿耿於懷、屢次失敗的原因，終於才得以解開，真是心中的一大喜悅與解放。

　　以上的寶貴心得，直到筆者至上海擔任中外合資中冠食品廠總經理，才真正得以應用。每逢中秋佳節，便開始生產各式廣東月餅，並且逐年擴大銷售，北至北京、天津、河北、北京等地之魚翅酒樓，南到杭州、寧波等地。當時不但是大量生產，筆者亦前往製餡工廠作技術指導，紅豆沙餡、手工棗泥餡、蓮蓉炒餡及月餅用鹹蛋黃等等，均在廠品質管制，每到佳節便忙得不亦樂乎！

　　此後為了自我充實，並進一步確認月餅製作的基礎技術及相關資訊，所以特別抽空參加中華穀類食品工業技術研究所所開設月餅特別訓練班，在炒製各種餡類等學習基礎中，受老師教誨匪淺。對於月餅皮、餡，澱粉、糖、油三者間奧妙技術之指點傳授，在此亦特別感謝博士陳賢哲先生之指導。

　　月餅製作具有那麼多的艱難處，筆者一路辛苦學來，總想為下一代的青年後輩，留下一本由淺入深、經驗傳承的月餅祕笈用書。無論是西餅店想學做月餅的年輕師傅、想開月餅工廠投資的老闆，都可以藉由本書找到希望。筆者特別將這些寶貴技能秘笈著書傳授，藉以回饋社會上

許多栽培過筆者的有心人士。本書將毫不保留的公布月餅製作上的秘笈，由原料、工具、半自動、自動機具、檢測儀器一一說明，筆著不希望其他讀者因缺乏傳承而步上自己當年辛苦試驗的過程，而能藉由本書所公布寶貴經驗與技術訣竅，很容易地走上成功之路，此可謂是筆者最大的心願。同時也希望本書能讓眾多有興趣的讀者，除了親自去修習月餅課程，一方面也能有書籍資料的對照參考，以幫助讀者完成月餅DIY的夢想。

此外本書亦提供了月餅之系別種類，讓讀者對於中秋月餅各餅系的欣賞，以及製作時的月餅特色表現上，都有更進一步的清楚認識，同時也能作為增進製作技能上的輔助判斷。若是到國外定居，每到中秋佳節，除了可自製月餅，也能與外國友人分享。當然筆者亦考慮到在國外採買原料的困難，所以本書所列配方也以容易取得、製作上雖不困難但絕不偷工減料的作法。至於想設立月餅工廠的讀者們，本書中亦有專門章節進行解說，讓讀者可以得到關於設廠、衛生設計到工廠內月餅實務操作等一貫作業流程的專業知識，以作為日後設廠的參考。

少量生產自製的月餅成品，因限於各種設備限制，儲存上格外需要注意。本書中所提供的配方，全部以天然的食材原料來製作，讓您製作生產的月餅均能達到最佳的風味品質，同時也顧及健康。此外新手在製作月餅時，常會在製作過程中發生許多疑惑，所以本書最後也將各類問題歸納並提出解答，以供讀者製作時的解決參考。如果各位讀者在製作中有任何解決不了的疑問，歡迎讀者們來函指教，筆者定會悉心回答無誤。

最後，我要特別感謝對本書貢獻良多的中華穀類研究所的周清源老師、廣式月餅大師陳錫潘先生、彭明聰先生，以及台中神岡富馨堂台式月餅大師陳進富先生、泰國四海公司張懷三先生、奇華餅家郭永盛先生，在筆者學習月餅製作的過程與本書製作期間所給予的各種幫助，在此一併致謝！

曹健
2004 年 8 月

如何使用本書

在閱讀本書之前，建議您先熟悉各單元的編排標示，可幫助您更快速地了解本書內容，並達到事半功倍之效。

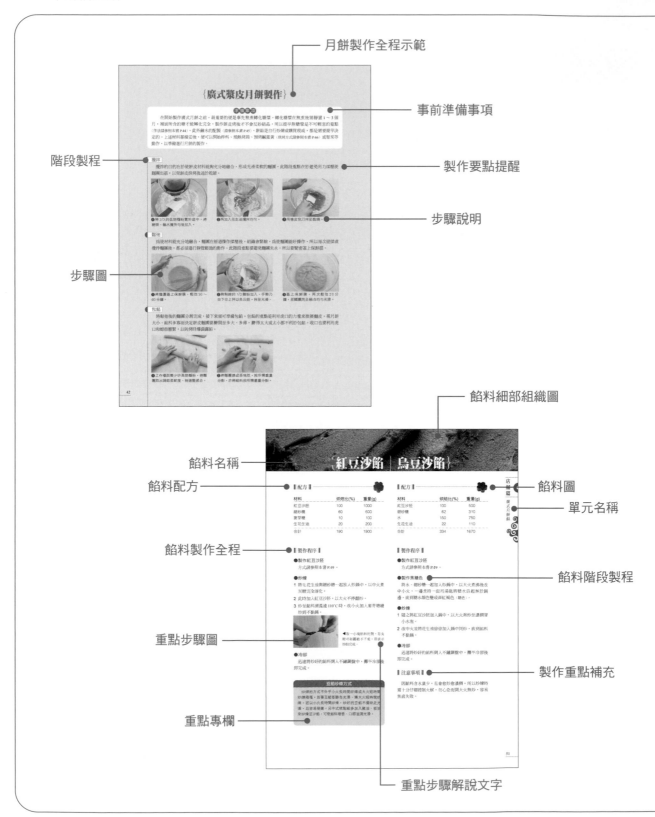

月餅製作全程示範

事前準備事項

製作要點提醒

步驟說明

階段製程

步驟圖

餡料細部組織圖

餡料名稱

餡料配方

餡料圖

單元名稱

餡料製作全程

餡料階段製程

重點步驟圖

製作重點補充

重點專欄

重點步驟解說文字

月餅餅皮製作

月餅製作規格條件

月餅名稱

月餅完成圖

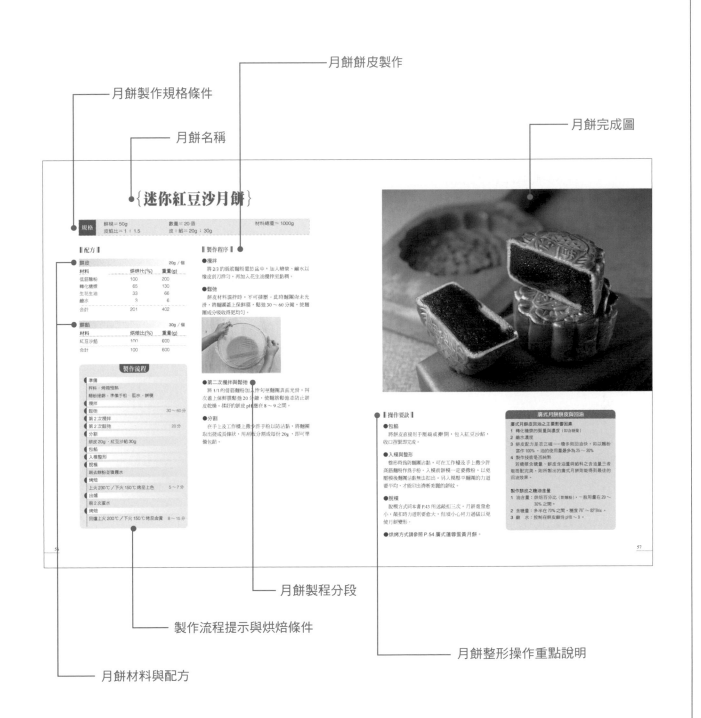

{迷你紅豆沙月餅}

規格	餅模＝50g	數量＝20 個	材料總重＝1000g
	皮餡比＝1：1.5	皮：餡＝20g：30g	

▌配方▐

餅皮		20g／個
材料	烘焙比(%)	重量
低筋麵粉	100	200
轉化糖漿	65	130
生花生油	33	66
鹼水	3	6
合計	201	402

餅餡		30g／個
材料	烘焙比(%)	重量(g)
紅豆沙餡	100	600
合計	100	600

製作流程

準備	
秤料・烤箱預熱	
轉粉捲新・準備手粉　鋁水・餅模	
攪拌	
鬆弛	30～60 分
第 2 次攪拌	
第 2 次鬆弛	20 分
分割	
餅皮 20g・紅豆餡 30g	
包餡	
入模整形	
脫模	
刷去餅粉定噴灑霧水	
烤焙	
上火 230℃／下火 150℃ 烤至上色	5～7 分
出爐	
刷二次蛋水	
烤焙	
回爐 上火 200℃／下火 150℃ 烤至金黃	8～15 分

▌製作程序▐

●攪拌
將 2/3 的低筋麵粉置於盆中，加入糖漿、鹼水以橡皮刮刀拌勻，再加入花生油攪拌至黏稠。

●鬆弛
餅皮材料溫拌時，不可揉捏。此時麵團尚未光滑，將麵團罩上保鮮膜，鬆弛 30～60 分鐘，使麵團成分吸收得更均勻。

●第二次攪拌與鬆弛
將 1/3 的低筋麵粉加入拌勻至麵團表面光滑，再次蓋上保鮮膜鬆弛 20 分鐘，使麵筋鬆弛並防止餅皮乾燥，揉好的餅皮 pH 應在 8～9 之間。

●分割
在手上及工作檯上撒少許手粉以防沾黏，將麵團取出搓成長條狀，用刮板分割成每份 20g，即可準備包餡。

▌操作要訣▐

●包餡
將餅皮直接用手壓扁或擀開，包入紅豆沙餡，收口壓緊即完成。

●入模與整形
整形時為防麵團沾黏，可在工作檯及手上撒少許高筋麵粉作為手粉。入模前餅模一定要撒粉，以免壓模後麵團沾黏無法扣出。另入模型平麵團的力道要平均，才能印出清晰美麗的餅紋。

●脫模
脫模方式同本書 P.43 所述輕扣三次。月餅重量愈小，脫扣時力道則愈大，但頭小心用力過猛以免使月餅變形。

●烘烤方式請參照 P.54 廣式蓮蓉蛋黃月餅。

廣式月餅餅皮與回油

廣式月餅皮回油之主要影響因素
1 轉化糖漿的質量與濃度（即含糖量）
2 鹼水濃度
3 餅皮配方是否正確——糖多則回油快，如以麵粉當作 100%，油的使用量多為 25～30%

若糖漿含糖量、餅皮含油量與餡料之含油量三者能恰配完滿，則所製出的廣式月餅則能得到最佳的回油效果。

製作餅皮之糖油含量
1 油含量：烘焙百分比（對麵粉），一般用量在 20～30% 之間。
2 含糖量：多半在 70% 之間，濃度 76°～87°Bix。
3 鹼　水：控制在餅皮鹼性約 pH 8～9。

月餅製程分段

製作流程提示與烘焙條件

月餅材料與配方

月餅整形操作重點說明

目　錄

{中秋月・話月餅}

　　自古，帝王就有春天祭日、秋天祭月的禮制，用以表達天子對日月的尊敬，「中秋」也因此而受到重視。不過在唐代之前，中秋賞月祭月在民間還不甚風行，一直到了唐代受到文人雅士喜愛相約在中秋時一同賞月吟詩的影響，才使得民間開始普及起來。而到了唐末時，中秋節就已演變為一個具有多采多姿習俗的重要節日了。

▎中秋月餅▎

　　中國古早歷朝都爲豐衣足食而有祭祀，民間更有拜月祭，各種祭祀盛典免不了要準備祭品，而餅類便逐漸變成祭月禮品之一。雖然中秋一定會令人聯想到月餅，但是早期人們過中秋時其實並沒有吃月餅的習俗，而是以時令的瓜果爲主。雖說月餅這項吃食最早出現在唐代，但是當時的月餅並不是在中秋節吃的，而是用在前述的祝賀或是祭祀上。月餅與中秋開始有直接關聯，傳說是元朝末年時漢人想要推翻蒙古人的高壓統治，爲了相約在中秋節起義，而將紙條藏於自製的圓餅中，分送親友傳遞消息並一舉成功，這才使得月餅開始成爲中秋節的應景食物。

　　到了明朝之後，月餅成爲民間中秋祭月時的祭品，一家人團圓祭拜之後就在賞月時分食品嘗，久而久之圓圓的月餅也就成爲家人團圓的象徵，開始了它與中秋密不可分的關係。月餅又稱爲團圓餅，有些地方甚至會依照家中人數切塊分食，即使家人不在也要爲他留下，以作爲吉祥團圓的象徵。

● 台灣的中秋食俗

　　台灣的中秋節傳統習俗在吃這方面也是非常多樣的，早自漢朝就因爲八月十五也是鄉試「秋闈」考試的日子，因此也將月餅取上「狀元」、「榜眼」、「探花」……等等與科舉功名相應的名字，依照科名的順序與人數編上號碼，稱爲「博元餅」，參加考試的學子輪流擲骰子，依所得數字食用該月餅以討個上榜的吉利。

台灣中秋最主要的應景食品也是以月餅及當季的瓜果為主。賞月時所吃水果以當季的柚子為首，其中又以麻豆的文旦為最著名。祭月時也常以「米粉芋」為祭品，俗語說：「吃米粉芋，有好頭路」。便是取芋、路的諧音來祈求保佑自己找到好工作。除此之外，各地也因為特產不同，發展出具有地方特色的中秋食俗。例如中秋節前後正是高雄縣水鴨最嫩的時候，因此美濃地區的客家人會在中秋節宰食水鴨，成為當地中秋的特色。宜蘭除了吃月餅外，還吃一種以麵粉為材料，中間抹上黑糖烘焙而成香脆爽口的「菜餅」。近年來，台灣的中秋節又發展出一種新的活動，即是趁著中秋氣候涼爽，全家一起在戶外烤肉賞月，成為很受歡迎的中秋團圓方式。

‖月餅的演進與分類‖

●由清朝到現代──傳統文化與養生飲食的結合

清朝乾隆年代之宮廷，便有蒙古進貢的奶酥油棗餡月餅、香油果餡椒鹽芝麻餅、酥皮月餅、豬油松子仁果餡月餅等，月餅遂成為尊貴的象徵，日後才漸漸普及民間。

早期揚州地方也有所謂的月宮餅，而蘇州地區則有葷素的伍仁酥皮月餅，北京地區多以紅棗等天然食材蒸製的棗泥月餅、核桃瓜仁與以糖、豬油等成分為主的伍仁餡月餅，廣東則有軟皮、硬皮及酥皮月餅，包入伍仁、金華、火腿、燒雞、叉燒等各式餡料。

月餅在經過百餘年的變化演進至今，已自成一套有脈絡可尋的民族飲食文化。若以餅皮為依據可分成四大類：廣式的漿皮月餅、台蘇浙滬的酥皮月餅、台式的糕皮月餅、京津的硬皮提漿月餅、潮州地區的白皮月餅。這些口味不同形狀各異的月餅，又可細分為數個派系，其中較熟悉的有台式、廣式、日式，其它還有蘇式、潮式、京式……等，每一個派系皆具有迥然不同的風味。

近年來，月餅口味之演進有目共睹，中秋月餅的樣式、口味如今是百家爭鳴、風味特出，同時並人打低脂的健康訴求，以期能受到現代人的青睞，需冷藏的冰皮月餅便自此應運而生。此外，養生、高纖、素食以及日式和菓子風等各式新口味的月餅也不斷地推陳出新，消費者不僅擁有更多健康的選擇，月餅終也得以擺脫油膩、高熱量、高膽固醇等評價的行列。例如在餡料裡加入紫山藥、枸杞、蔓越莓、優格的養生月餅；有些店家為求月餅的美味，更添加了 XO 醬；高纖雜糧、麻仁、高鈣牛乳、楓糖、素食月餅等健康取向月餅也大舉進攻市場，而以日式桃山皮、包入麻糬夾心，或在餡料中加入沖繩黑糖、栗子等日式和菓子月餅，或者加入乳酪等異國風味，都是今日月餅市場的寵兒。

●歷史悠久的台式與廣式月餅

台式月餅隨著不同時期有著不同的代表，歷史最久遠的是月光餅，內餡以鬆軟可口的蕃薯為材料，口味甜而不膩，不過現在已不常見，較熟悉的是後來漸漸取而代之的酥皮綠豆凸（綠豆椪）、蛋黃酥以及糕皮月餅。

綠豆凸的內餡主要為綠豆沙及肉臊，入口鬆柔、鹹鹹甜甜的口味一直很受喜愛，以豐原地方所製的綠豆凸最有名氣。而糕皮月餅外型看起來與廣式月餅很相似，但對於內餡卻不及廣式月餅來得那麼講究，常見的有棗泥、蓮蓉、烏豆沙、鳳梨醬、伍仁等口味。

廣式月餅有著深棕色的外皮，特色是皮薄餡多且內餡所用的材料非常講究，例如伍仁是眞正以五種果仁——杏仁、瓜子、松子、芝麻、核桃所做成，而台式的伍仁餡則以肥肉丁與冬瓜糖丁等取而代之。廣式月餅因爲怕甜餡吃多了膩口，大量使用鹹蛋黃來中和甜度。一個大月餅中，至少都放了兩顆甚至三、四顆鹹蛋黃，這也可說是廣式月餅的特色之一。

●引領風騷的日式月餅

　　日式月餅的分類方式與其他不太相同，因爲日本人過「月圓節」時的應景食物並不是月餅，而是包著瓜果的飯糰和糯米丸子，所以我們所說的日式月餅指的其實是日式風味的月餅。日式月餅的特色就是小巧精緻、清爽不膩，口味以甜的爲主，其中又以紅豆餡最爲傳統。

　　因爲日式月餅的分法與其他派系不同，加上日式風味的定義非常廣泛，所以日式月餅也就呈現出各種不同的造型與風貌，餡料上的變化更是年年不同，除了紅豆之外，栗子、梅子、水果、抹茶也都非常受到歡迎，尤其再經過精美的包裝之後，更加成爲各式月餅中備受矚目的焦點。

●獨具地方特色的月餅

　　月餅的派系大多以地理區域來劃分，因此不同派系的月餅也表現出了當地人在口味上不同的飲食喜好。除了目前最常見的台式、廣式及日式月餅之外，還有一些著名但我們較少接觸到的地方口味也都非常具有當地獨特的風格。

蘇式月餅

　　起源蘇州，外皮爲層次清楚且薄的酥皮，顏色越白越好，頂上蓋有紅印，外形有呈圓凸鼓形或扁平圓餅兩種。主用使用油脂爲豬油，內餡則有鹹甜兩種口味，甜月餅以桂花、玫瑰、蜜餞、棗泥、豆沙等，鹹月餅則以椒鹽、鮮肉、火腿豬油、香蔥豬油、蝦仁等口味，口味則偏重香甜濃郁，油重而不膩，甜而爽口，是蘇州人最引以爲傲的糕點。

潮式月餅

　　起源於廣東汕頭和潮安地區，外形用料與蘇式月餅相似，但形狀較扁，外皮顏色潔白是用豬油與麵粉調製而成的酥皮，喜好以豆蓉、芋泥、冬瓜糖、豬油、油蔥酥等爲餡，具有香、甜、軟、肥的獨特風味，口感清香軟滑，酥皮鬆軟。外形爲可見到酥皮層次的明酥包法，色澤金黃、口感油潤。

滇式月餅

　　出自雲南地區，皮酥精美、鹹甜適中，具有色澤澄黃，油而不膩，酥脆爽口的特色。最具代表性的爲風味精緻的火腿月餅，其外皮酥鬆，內餡以宣威火腿和白糖製成，做工選料都十分考究。

平式月餅（京式月餅）

　　起源於北京、華北一帶爲多，爲重油、重糖的油酥，作法與燒餅相似，餡料多用白糖餡、山楂餡、棗泥餡、豆沙餡、豆蓉餡等，外皮爲提漿皮因此香脆可口。內餡尚含有細粒碎冰糖，青紅絲與糖、豬油等，因添加炒熟的碎白芝麻與麵粉，皮餡均硬實，品嘗時有清脆響聲，堪稱中國北方民族之餅類代表。因爲古法特製的外皮保存時間很短，只要放置時間一長就會變得堅硬如石，目前已很難見到這種月餅。

滬式月餅

　　來自上海的種類，具有口味酥脆、油而不膩、香甜爽口的特點，餡料以鮮肉爲主，再以黃酒、鹽調味，口味精美且營養豐富。

{隨時代進步的百變月餅}

提到月餅隨著時代演變的歷程，並不是單一地只改變口味或造型，而是雙管齊下、由內而外創新風貌，所以月餅這項流傳千年的傳統美食才得以在今日持續受到人們的歡迎，不至於失傳。

先就月餅的外表造型、重量規格來看，從古至今最大的改變當屬近三十年來才開始出現的迷你型小月餅，在此之前均是以五兩重的大月餅為主流。

▌由月餅大小看社會變化▐

月餅的大小、重量乍看之下雖然只不過是規格的不同，其實除了牽涉到製作上的精密計量，更蘊含了近數十年來社會經濟的發展變化。

在過去工商業不如今日發達的年代，當時的月餅樣式及口味都較少，所以銷售的月餅均偏大，此外當時家庭的冷藏保存條件較差，所以便以品質口碑佳且又不易生黴腐壞的重油重糖式廣式月餅最為風行。但是時值今日，不僅冰箱早已成為家庭必備用品，再加上國人飲食習慣的改變，除了月餅規格都偏大，且品質佳的月餅也相對地價錢昂貴，所以當年買月餅無非是為了送禮，很少有人是為了自家品嘗。在中國大陸盛行送禮的年代，甚至常有自己送出去的月餅禮盒，到最後竟然回贈到自己手中的事情發生。

隨著時代改變、經濟進步，月餅種類不但發展得更多元，月餅口味也慢慢地增多，相對地規格也開始縮小。到了近年，更風行起所謂的「迷你月餅」。因為一般的廣式月餅其餅皮、內餡含糖油較重，現代人營養過剩，都怕吃了月餅而更肥胖，為了健康考慮，所以便開始流行迷你的小型月餅，一盒月餅中即可多品嘗不同的口味，又不致於攝取過多熱量、油脂，可謂是一舉兩得，近年來蔚為流行。

然而在月餅大小重量的決定上，月餅和可以依照個人喜好來分割大小的西式餅乾不同。大多數的月餅在正式開始製作前即需要經過精準的秤量與計算，才不會產生大小不一致或材料入模後過多或不足的情況。目前一般市售月餅的大小、重量，大略有以下數種：

迷你小型月餅

屬小型月餅，一般有每個40g、50g、60g等三種規格，市面上多以一盒十二個裝。

足斤中型月餅

屬中型月餅，一般以每個90～120g為多，市面上多以一盒六個裝。其中單個120g的月餅，為了降底銷售價格，改裝成四個一盒，消費者較能接受。反正一盒價格也不高，送客做禮品，月餅量少也無所謂。

加頭大型月餅

屬大型月餅，一般以每個180～220g居多，標準為一盒四個裝。

而以上所述的「足斤」及「加頭」，是為傳統市場所售月餅的習慣稱法。「足斤」即為一盒月餅總重500g（1市斤）或600g（1台斤），例：每個月餅重90g、一盒六個裝，總重540g，即稱「足斤」；而「加頭」即單個180g或220g、一盒四個裝，總重約為720g。

▌傳統與創新並存▐

台灣早期的月餅以台式為主，口味固定缺乏變化，拜月餅市場競爭激勵所賜，月餅的種類與口味不斷的推陳出新，造型與包裝也越來越精緻，同時價格也有往上攀升的趨勢。

●歷久不衰的傳統口味

以現在眼光來看，傳統口味或許不夠吸引人，但能夠經歷數百年的考驗，必然有它歷久不衰的道理，現今許多新式餡料很多都是以傳統餡料為基底調味而成，就是因為這些傳統餡料才是最合適的選擇。傳統內餡口味有蓮蓉、棗泥、烏豆沙、鳳梨醬、芋泥、白豆沙、伍仁等口味，味道以甜的為主，鹹味道的材料像是蛋黃、滷肉並不單獨使用，僅酌量用來增添風味並降低甜膩感。傳統口味中，也有少數餅家創新出不同風格的特色傳統月餅，老字號「雪花齋」的雪花月餅、富馨堂以及犁記的兩面煎月餅，均享譽中外。

●「寶泉」獨創小月餅
「超群」月餅推開變化的大門

到了70年代時，台中豐原的「寶泉餅店」有感於當時的大月餅分量著實太多，於是獨創迷你型的小月餅，其餡料亦融合了日式口味，含有奶粉、起司粉、奶油與蛋黃、酒等一般傳統月餅不會添加的成分，造型與風味均屬當年首創，於是乎豐原小月餅產品一經推出，各家餅店紛紛起而仿效，從此一改月餅的傳統風貌。

而同一時期，「超群」月餅揮軍進入台灣市場，靠著大量的廣告與成功的包裝異軍突起成為市場的

主流，不但引起了中秋送月餅的風潮，更觸發了業界的月餅市場大戰，使得一成不變的傳統口味月餅面臨了不得不變的局面。當時的「超群」月餅屬於廣式口味的大月餅，畫著應景圖樣的鐵盒裝著四個大大方方月餅的模樣，相信還有許多人留有印象。如今取而代之的香港美心、榮華、奇華廣式月餅，在歐、美、加等地也成為替華人爭光的中式月餅。

這時期月餅口味變化主要是由簡單變得較為複雜，像伍仁加上火腿、臘肉、臘腸，稱為伍仁金腿；烏豆沙也不單只是豆沙餡，還添加了蛋黃、栗子、果仁等其他材料。新口味則有叉燒臘肉、咖哩等。

●水果口味激出創意火花

直到 80 年代中期，伊莎貝爾推出了以水果入餡的水果豆沙月餅更是轟的一聲將中秋月餅的口味給完全的顛覆了過來，健康的水果月餅成為新寵，使得傳統高熱量的大月餅漸漸被淘汰，小型月餅也隨之成為主流。

此時，新的水果口味有杏桃、櫻桃、藍莓、草莓等西洋水果餡，以及梅子、柳橙、芒果、鳳梨椰奶、木瓜牛奶等本土水果餡。新式水果餡的興起使得傳統以水果入餡的「水果酥」也被列入了月餅的行列，其中以鳳梨酥為代表，甚至還演變出加了蛋黃的新口味「鳳凰酥」。

小型的水果口味月餅除了引發月餅內餡的大革命，也使得月餅的造型不再那麼刻板，帶動了一波「小月餅」新風潮，使吃月餅的習慣不再是全家分食一「個」，而是全家分食一「盒」。小月餅的流行引發了餅家對造型的注重，例如「郭元益」利用各式不同外型區隔口味，同時更加表現出精緻的質感。到今日，月餅的造型更是千變萬化，例如「奇華餅家」即在幾年前推出各種卡通造型的小月餅以吸引小朋友的注意。

●百家爭鳴、登峰造極

之後，月餅的創新可謂一日千里，直到 80 年代末，陸續出現的各種主題口味更加令人目不暇給，例如以果蔬為餡料的果蔬月餅；強調健康的抹茶月餅、人參月餅、鈣質月餅、枸杞山藥月餅；內含鮑魚、紫菜、干貝等，口味微帶鹹鮮的海味月餅。近年來隨著健康素食觀念的風行，月餅也出現素食的新口味月餅，著名的有頗受歡迎的「犁記」台式素月餅、蓮子餅、鳳梨酥、麥芽餅等。

傳統單一口味的月餅也脫胎換骨成為各種綜合口味以求新求變，像是抹茶紅豆餡、牛奶芝麻餡、豆沙素蛋黃餡、梅子烏梅餡、綠茶瓜子仁豆沙、烏龍茶豆沙、仙楂話梅豆沙、桂圓豆沙、咖哩豆沙……等等。

隨著冰淇淋內餡的雪餅與蒸月餅的出現，月餅的形式已經進步到了超乎想像的地步，沒有人可以預料業者還能再創造出如何的奇蹟來滿足消費者對於尋求新奇口味的欲望。

【理論篇】

製餅基礎

月餅原料

‖ 餅皮材料 ‖

檸檬酸：製作糖漿及轉化糖漿之用。

砂　糖：本書所使用之砂糖為特白細砂糖，需挑選雜質少者。

水　果：新鮮檸檬、新鮮鳳梨、烏梅、酸梅等，供製作糖漿之用，可賦予月餅皮天然果香。

鹼　水：陳村鹼水，可自行配製，作用在於中和糖漿的餘酸，作法請參照本書 P.45。

蜂　蜜：製作高級月餅皮時使用，可代替糖漿之最適用天然轉化糖。

麵　粉：餅皮材料會用到高筋麵粉（含蛋白質 12 ～ 13.5% 以上）、中筋麵粉（含蛋白質 9 ～ 11%）及低筋麵粉（含蛋白質 8% 以下）三種。將高筋麵粉與中筋麵粉搭配使用，可調整餅皮軟硬酥脆等不同特性。

糕　粉：即熟糯米粉，有以下三種製法。將乾磨糯米成粉後蒸熟再經乾燥，磨細篩過製成；或將糯米蒸熟後乾炒至膨化，磨粉、過篩；或將糯米粉以 180°C 烤 15 ～ 20 分鐘，由白色烤至微黃即成。亦可將麵粉蒸熟後，乾燥過篩替代使用。

生　油：以純冷搾生花生油再加少許麻油調和，氣味最佳，不可用高溫熬煮過的熟油，否則會易生油耗味。

焦糖色：即為焦糖，將砂糖加少許水，以小火熬成深褐色的糖漿，製作時加入焦糖可使餅皮增色增香。月餅正式生產製作前均需試做，待月餅出爐二天並依其回油情況，再決定是否需要添加焦糖及決定焦糖的用量。

糖　粉：將細砂糖研磨成細粉即為糖粉，市售糖粉摻有玉米粉等其它粉類以防止結塊。另也有一種特別熬製、顆粒更加微細的綿白糖，在高濃度飽和糖漿中，使用綿白糖操作，餅皮可塑性較佳。

麥芽糖：由老式大麥芽酵素與糯米粉糖化熬製而成。

糖清仔：以砂糖 100% 加水 50%，再加少許麥芽糖熬煮成的糖水，古早台式月餅皮即是用此糖清仔製作，其特點在於餅皮較硬。

豬　油：將豬肉脂肪經油炸製成的油脂，可購買市售品或自行油炸（低溫油炸呈白色，高溫油炸則偏紅褐色）。在室溫下呈固態，好操作，是最為適合製作台式油酥皮月餅的油脂。

酥　油：將液態植物油氫化後再加入香料、食用黃色色素等材料所製成，在室溫下呈固態，多用來代替價格較高的奶油。

白　油：將液態植物油氫化而成的固態油脂。

奶　油：自牛奶提煉而成的固態油脂，市售有含鹽及不含鹽兩種，使用前需軟化至室溫才易於操作。

香　油：將炒香熟芝麻冷搾而得之油脂即為香油，味道清香而不苦，不影響月餅本身之風味。

鹼　粉：碳酸鈉（Na_2CO_3），配製鹼水及膨化用，為白色粉末。

小蘇打：碳酸氫鈉（$NaHCO_3$），簡稱 B.S.（Baking Soda），加入可使餅皮烤後膨脹，為白色粉末。

泡 打 粉：白色粉末，又名發粉，是由小蘇打粉（NaHCO₃）及酸性反應材料混合而成的一種膨大劑。多用在台式月餅使餅皮膨脹之用，簡稱 B.P.（Baking Powder）。

碳酸氫氨：又名臭粉，白色粉末，膨大劑之一，加熱至 50～60℃ 時會產生水及二氧化碳，使麵團膨脹。

乳 化 劑：可使麵團中的油水成分不易分離，質地柔軟。其中一種乳化起泡劑，簡稱 S.P.，加入可使蛋、糖攪拌時糖融化起泡膨脹。

奶 　 　粉：主要作用為增香、增色、使麵團柔軟，加熱後亦有凝結聚合的作用。

起 司 粉：氣味香濃，亦有增色作用。

黑白芝麻：香氣獨特，極富營養價值，壓碎加入餡料可增香，可增香並作為外沾裝飾。

蛋 黃 水：又簡稱蛋水或蛋汁，利用毛刷沾蛋黃水刷於月餅表面，以增加烘烤後月餅的色澤。蛋黃水可依個別所需調整濃度。

‖ 製餡材料 ‖

豆 　 　類：紅豆、紅竹豆、花豆、綠豆、白豆、白鳳豆、白芸豆等，因含澱粉質豐富，最適合炒製餡料（詳細處理程序請見本書各式月餅餅餡製作單元）。

子實類：蓮子富含澱粉質且氣味清香，尤以湘蓮最佳，而紅棗、黑棗等棗類則是肉質甘甜，兩者均為廣式餡料的重要主角。

堅果類：杏仁（南杏）、核桃、松子仁、瓜子仁、橄欖仁等堅果類，可增加餡料的豐富口感與營養價值，且其吸水性不佳，加入餡料中不會吸濕變軟而影響口感。除杏仁外，其餘使用前均需預烤。

肉 　 　類：動物性肉類（金華火腿、滷肉、臘肉）均須經鹽醃漬，硝石、滷燒、防腐等處理，並乾燥至水活性安全範圍內，以防變質。

冰 　 　肉：冰肉即為糖漬、酒漬後的豬肉脂肪，風味絕佳，毫無油膩感，多用於餡料的調配。

鹹蛋黃：各式月餅的重要餡材之一，加入月餅餡中除可中和餡料的甜膩感，切開月餅時還可增加視覺上的美觀感受。

高粱酒：酒精度 60° 為最佳，噴灑於餅餡食材上（鹹蛋黃）可防腐、殺菌，酌量加入餡料中還可增香。

汾 　 　酒：為中國山西省汾陽杏花村所產白酒，乃是以高粱為主所產製之發酵酒，酒精度 65°，風味清香、醇厚甜潤，大陸地區大多用汾酒來製作月餅。

‖ 月餅食用添加劑 ‖

防腐劑：學名「山梨酸鉀」，又名「己二稀酸鉀（Potassium Sorbate）」，可抑菌但無殺菌作用，用量爲豆沙餡之 0.1%。

抗菌劑：又名抑菌劑（Antibacterial Agents），可抑制細菌的生長，但無法殺死細菌。

黏稠劑：黏稠劑之中以玉米糖膠（Xanthan Gum，又名三仙膠）使用率較高，低濃度、高黏性，受溫度變化影響小，炒餡時用量爲 0.05%。

品質改良劑：

 ① 多磷酸鈉（Sodium Polyphosphate）：可保持炒餡水分並調整 pH，用量爲 0.02～0.1%。

 ② 焦磷酸納（Sodium Pyrophosphate）：防止脂肪氧化，增加成品光澤。

調味劑：即 D-山梨醇液 70%（D-Sorbitol Solution 70%），月餅炒餡時使用，除了可使餡料切面油光外，還可保濕、除香、防腐，製作豆沙餡時用量爲豆沙之 2%，亦可防止糖結晶。

乳化劑：即脂肪酸甘油酯（Glycerin Fatty Acid Ester），供炒餡時添加，可防止油脂分離，增加光澤。

防黴劑：美國產品「鮮必保」，主要在於防止烘焙產品發黴及孳生細菌，特別適合高油脂及 pH 值 7～8 的產品，直接摻入油脂中使用，用量爲 0.2～0.4%（對油、皮或餡重）。

工機具設備

‖ 手工具 ‖

量杯

作為秤量液體容量之用，一般市售有壓克力、不鏽鋼、鋁製、強化玻璃等不同材質與各種大小不同的容量，上有毫升刻度（ml 或 cc）以供目視測量。

木製擀麵棍 ➡

主要為擀壓麵皮之用，亦可用來壓碎芝麻，有各種不同粗細、長度，亦有兩側附把手、中軸為滾輪式的擀麵棍。

標準量匙 ⬆

一般以 3～4 支量匙為一組，含 1/4 小匙、1/2 小匙、1 小匙、1 大匙。1 小匙為 5cc，1 大匙為 15cc 之標準單位。

刮板 ⬆

供拌壓或切割麵團及餅皮粉團用，有塑膠及不鏽鋼製。

橡皮刮刀 ⬅

主要在於攪拌粉團或麵糊之用，因橡皮製刮刀有彈性，可輕易刮除容器邊緣沾黏之麵團、麵糊，亦有各種大小規格可供選擇。

打蛋器 ↘

主要用於打蛋、攪拌麵糊使材料混合均勻，均為不鏽鋼製，視規格大小有不同的線圈數。一般而言線圈數愈多則愈容易將材料拌勻，價格也愈昂貴。

磅秤 ⬆ ↗

為精準秤量材料重量之用。彈簧秤在長年使用後可能因彈簧失去彈性而失去準確性，電子秤則無此問題。

毛刷 ⬆

可刷除月餅表面多餘的粉類，以及塗刷蛋水等液體之用。刷毛有不同材質，使用上以羊毛製較柔軟為佳，使用時應準備刷粉（乾燥）、刷水、刷蛋水三種用途之毛刷各 1 支。

不鏽鋼製篩網 ↘

主要用於過篩粉類、濾洗豆沙（過濾豆皮），有各種不同的網目粗細（mesh），其中以 30、50、80、100 目等最為常用。

餅模鋼圈 ⬆

可將整形完成的麵團放入圈模中壓平,可使月餅成品大小一致美觀,適用於綠豆凸、蘇式月餅等。

耐熱手套 ↖

烤焙中爐溫極高,要拿取烤盤時雙手務必要戴上耐熱手套,以防燙傷。

冷卻架 ⬆

產品烤焙出爐後,將產品移至冷卻架上,可使其快速冷卻,以免烤盤的餘熱繼續加深餅皮色澤。

蒸籠 ↗

供製餡時用來蒸熟綠豆、蓮子、芋頭等原料,或者製作冰皮麵團之用。

噴霧器 ➡

將水霧均勻噴灑在月餅表面,可使沾附在餅皮上的粉濕潤,烤後餅皮也較不易乾裂。

圓底不鏽鋼盆 ⬆

操作時供各式材料攪拌、盛裝之用,應準備各種大小規格較好操作,亦有耐熱玻璃製品。

湯鍋 ↘

熬煮糖漿時為避免水分快速蒸發,使用直式的深底湯鍋較佳,切忌用寬口的鋼盆。

電動打蛋器

一般多為打發蛋白、全蛋或鮮奶油之用,亦可攪打奶油、麵糊,需手持操作。

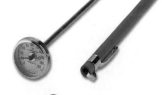

溫度計 ↗

市售有金屬及玻璃製,但應選用金屬製溫度計較安全,以免玻璃溫度計不小心折斷,導致玻璃屑及水銀毒質釋出。

烤盤 ⬆

盛裝整形好之月餅,若烤箱只有一台且要製作大量,則需多備幾個烤盤盛放才能節省等待時間。

炒鍋 ⬆

供手工炒餡用,最好能挑選不沾材質,以防餡料濃稠焦底。

桌上型電動攪拌機 ⬆

是為手工攪拌分量稍多，但放入大型攪拌缸量卻又太少的理想攪拌機具，可攪拌餅皮麵團或拌打全蛋、麵糊、鮮奶油等，附有漿狀、鉤狀攪拌器。

烤箱 ⬆

依品質需求或廠地大小的不同，可選擇家用烤箱、專業用小烤箱、店面型熱風烤爐或大型電烤箱（平板烤爐）來製作。唯因家用烤箱控溫較不穩定且體積小，較難用來大批製作。

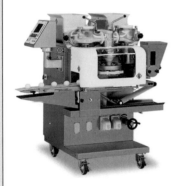

氣壓式月餅快速脫模器 ⬉

利用氣壓使麵團可以快速定型並脫模，需外接空壓機配合使用。有單個及一排數個的不同規格。

自動包餡機 ⬆

全自動將餡料包入餅皮中，適合製作月餅、湯圓、麻糬、芝麻球等包餡產品。

全自動排盤機 ⬆

可連接自動成形機或包餡機，將產品自動排盤，避免人手接觸而影響外形與衛生。

全自動成形機 ⬅

附電眼、全自動打模、脫模一次完成，有單獨一機操作的機型（圖A），也有可銜接一貫作業的機種（圖B）。

立式攪拌機 ⬇

可定時、定速攪拌,附鉤狀、漿狀、鋼絲三種攪拌器,可攪打麵團及麵糊或拌勻材料。

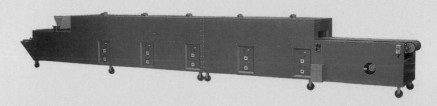

隧道式自動烘焙機(隧道爐) ↗

自動控溫,包括濕溫度時間控制,可保持月餅殺菌時之中心溫度、殺菌時間,月餅外皮不會因長時間烘烤而焦化。

輸送帶

電眼速度控制,使用特製食品用輸送帶,無毒性、易清潔。

‖製餡機具‖

風選機

製餡原料粗選用,以風扇吹去沙粒、枝葉等雜質。

煮豆機

用於蒸煮原料豆時使用,含吊桶,可升降控制以利煮豆時方便操作。

全自動洗豆機

含吊桶,用於將煮好的豆類利用滾筒的轉動與噴水,將豆類外皮去除,製白豆沙專用。

小型全自動製餡機

目前僅有日本生產製造,從洗豆、浸豆、磨碎、滾動磨皮(蓮子為噴鹼水轉動者)、洗砂(附循環式水幫浦)完全一貫自動化完成。

A 直火式

B 蒸氣式

C 蒸氣式

煮炊攪拌機 ⬅

含攪拌棒、二重鍋,為炒製餡料的主要機具,有直火式(大鐵鍋)及蒸氣式(二重鍋)兩種。前者較能炒出餡料香味,後者則附自動刮沙、翻炒攪拌棒,適合白豆沙、芋頭餡等較黏餡料,不易焦底,但操作時須戴厚布護手套及護臂手套,以防不慎臂蒸氣燙傷(圖A、圖B、圖C)。

篩濾製餡機 ⬆

附有細密濾孔,待原料豆或原料棗煮熟後倒入濾斗中,即可自動將外皮與生餡胚分離。

‖檢測品管儀器‖

pH 試紙 ⬆

供檢測 pH 值之用，以精準控制每批成品的製作品質，可測 pH4 ～ 12 之範圍。

糖度計 ⬆

可目視測量食品之含糖率，以 58°～ 92°Brix 最常使用。

冷卻盤

不鏽鋼製，可供盛裝炒煉完成的餡料，以幫助快速散熱，避免堆積焦化，可以用風扇輔助降溫。

⬅ 脫水機 ⬇

早年有利用洗衣機脫水槽來進行生餡胚的脫水，現在則有專業用的半自動離心式脫水機及篩濾機，有些附有磨豆功能。

餡料自動充填包裝機

可自動控溫冷卻高溫餡料，至 100℃ 時直接熱充填，附耐熱輸送帶。

⬅ 真空包裝封口機

可將包裝內抽成真空，須外加充氮機充填氮氣再封口，以確保月餅品質的安全。

月餅模具

▌ 木刻月餅模 ▌

在以往沒有機器大量製造月餅的年代，中秋節時家家戶戶都要自己做月餅，所以餅模可以說是當時的民生必需品之一，有錢人家更是喜愛採用上好的木材，講求雕工精美絕倫，且常會同時製作各式各樣大小與圖案的餅模以應付不同的需要。能否做出造型細緻討喜的月餅完全得仰賴餅模，而餅模要好，就全憑木材精細的紋理與木刻工匠的精湛手藝。

一個好的餅模使用起來應該具備脫模容易、不會沾黏粉垢且印出來的線條、文字或圖案要清晰等條件，這些條件取決於餅模在雕刻時的刀法是否簡練、下刀必須要粗勁有力，才能同時兼顧快與深使刀路平滑，這樣餅模使用起來才方便實用。其次為了美觀，餅模的雕花都很費工夫，尤其要雕刻文字更是不容易，要像雕刻圖章一樣把字形左右相反來雕才行。傳統餅模主要都是以木頭為材料，尤以杜梨木最為常見，而現在的餅模材質，則多是採用鋁合金或不鏽鋼材質以機器製成。

▌ 餅模的藝術性 ▌

每一個木刻餅模都是工匠經過設計、構圖之後，再動手雕刻而成的，每個成品都具有自己的個性與特色，這也是為什麼餅模能被視為民間木刻藝術品的原因。餅模上的圖案除了祝福之類的裝飾文字外，還有很多含有象徵意義的圖案造型，例如龍象徵威武與尊貴、麒麟象徵仁慈和吉祥、蝙蝠象徵「福」及「富」。形狀大一些的餅模甚至可以刻上嫦娥奔月、吳剛伐桂、玉兔搗藥這類較複雜的應景圖案。

現今隨著機器製餅成為主流，手工製餅不再興盛，餅模的製作也失去原有的市場，這些精巧雅緻、雕刻細膩的餅模漸漸從實用物品轉變為供人觀賞的藝術品，尤其早年精工製作的餅模兼具了歷史與藝術的意義，更成為了文人雅士愛好的古董收藏。

▌ 木刻餅模的選購與保養 ▌

塑鋼或鋁合金模在選購上以講求雕花紋路清晰為主，而手工雕刻的木刻餅模在選購上則需格外注意以下幾點：最好選擇堅實、沉重、耐敲的材質，扣出的月餅花紋才會立體有形，即使餡料稍微下凹，也不易看出，烘烤後的餅面才能顯出立體花紋。且雕刻花紋洞內必須預留兩個透氣小孔，以利於排氣脫模。最近供應烘焙用具廠商的商家，有一種木製的敲打月餅工具，木模中有一個圓圈，此圓圈內可更換客戶需要的月餅外形（方形或圓形）、花紋以及各種不同規格重量（即月餅大小），十分便利。

此外因為木製模具容易蛀蟲和發黴，所以木製模具在使用後的儲放必需格外注意。木模在每次使用後需立即清洗乾淨，用紙巾或乾淨抹布擦乾後，需放置在陰涼處風乾（避免日晒），待乾燥後將紙巾吸滿花生油，塞入雕花模內，模外以保鮮膜密封一層，再以報紙封包，儲放在陰涼通風處，如此便能儲存至第二年再取出使用，可防止木模乾燥裂開。

‖現代月餅模之材質規格‖

　　除了上述的木刻餅模，現代爲求實用方便，鋁合金、塑鋼等不同材質也被應用於月餅模的製造上。就餅模規格而言，一般以製作月餅4兩、5兩、6兩、8兩、10兩、12兩、1斤等規格較爲常見，小月餅模還有1.2兩、1.5兩、2.5兩、3兩、3.5兩等小規格可供選擇。餅模外形則以圓形、心形、方形爲多。依雕刻花紋不同，有所謂的「雙囍印」、「龍鳳印」、「中秋印」等雕紋。而目前商業市場上使用率最高的雕花月餅模具，無論是方形模或圓形模，材質以木製模及鋁合金模爲最多。

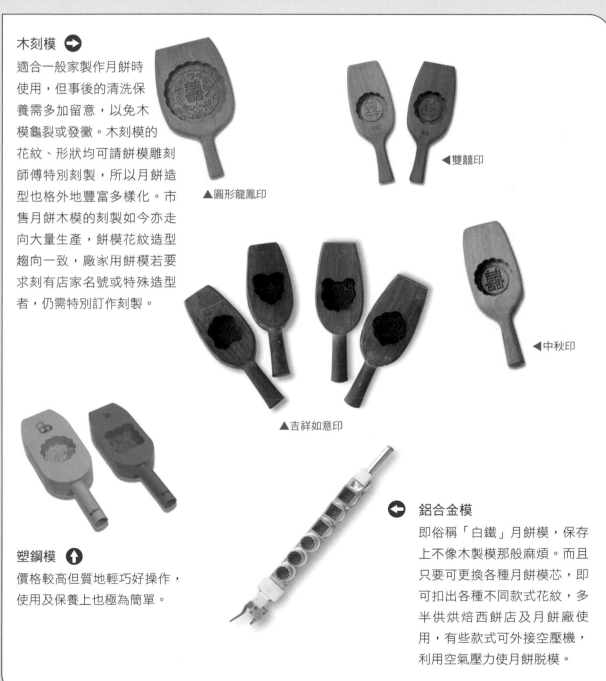

木刻模 ➡

適合一般家製作月餅時使用，但事後的清洗保養需多加留意，以免木模龜裂或發黴。木刻模的花紋、形狀均可請餅模雕刻師傅特別刻製，所以月餅造型也格外地豐富多樣化。市售月餅木模的刻製如今亦走向大量生產，餅模花紋造型趨向一致，廠家用餅模若要求刻有店家名號或特殊造型者，仍需特別訂作刻製。

▲圓形龍鳳印

◀雙囍印

◀中秋印

▲吉祥如意印

塑鋼模 ⬆

價格較高但質地輕巧好操作，使用及保養上也極為簡單。

鋁合金模 ⬅

即俗稱「白鐵」月餅模，保存上不像木製模那般麻煩。而且只要可更換各種月餅模芯，即可扣出各種不同款式花紋，多半供烘焙西餅店及月餅廠使用，有些款式可外接空壓機，利用空氣壓力使月餅脫模。

操作術語解說

烘焙比：即為烘焙百分比，為烘焙業界所公認之計算基礎，即以粉類（或主原料）為 100%，而其它成分則以對粉類（或主原料）100% 之用量來計算相對百分比。可幫助配方的調整計算，亦可幫助分析配方是否平衡，並可作為調整材料成本的計算依據。

皮餡比：即月餅的餅皮與餅餡（包含鹹蛋黃）之重量比例。

攪　拌：利用手工具或機具，在慢速下將材料簡單地混合拌勻，須保持原物料的特性不變。

筋　性：因麵粉中所含蛋白質具有麵筋蛋白，加水並加以攪壓後，兩者便會形成具可塑性與包覆性的網狀組織（筋性組織），亦是俗稱的「出筋」。

鬆　弛：麵團在揉壓的過程中產生了筋性，組織緊縮、延展性變差，麵團不光潤，所以必須使其靜置，待麵筋再度鬆弛後再操作，此靜置休息的過程，即為「鬆弛」。

分　割：將麵團按配方要求重量，由大塊分切成小塊，此動作即為「分割」。

滾　圓：麵團分割成小塊後，經切割後外形不平整，因此需將麵團以手搓圓或在工作檯上滾動成為圓球，此動作手勢即稱為「滾圓」。

整　形：凡將麵團進行塑造造形的步驟，即為「整形」。月餅製作上則可包含油酥皮的水皮包油皮擀製，以及將包好餡料的月餅麵團壓模至脫模等步驟。

脫　模：將月餅麵團壓入月餅模塑形後，敲扣月餅模三側以使月餅麵團順利扣出。

著　色：月餅經烘烤後，餅皮會隨溫度上升、時間加長而逐漸加深顏色，即稱為「上色」或「著色」。烘烤時需隨著注意餅皮的著色狀況，以判斷最適當的出爐時間，是為烘烤月餅的重要指標。

焦糖色：將砂糖加少許水或油（不加亦可），高溫加熱使砂糖失水溶化、再改小火煮至焦化，色澤會逐漸加深由淺褐色轉至深褐色，同時也會因失水而變得濃稠有如膏狀，再加水攪拌則會再轉為淺褐色，以小火熬煮味香而不苦，即為「焦糖」或俗稱的「糖色」。加入餅皮中可使烘烤後加深色澤。

手　粉：揉製麵團時，為防麵團沾黏雙手或工作檯、模具，所以會準備適量高筋麵粉撒在手上、工作檯以及餅模、擀麵棍或機具上，以防止沾黏而難以操作。此時使用防生麵團沾黏的高筋麵粉，即稱之為「手粉」。

回　油：廣式月餅在烘烤出爐、常溫靜置 1～2 天後，月餅皮外會出現油光面的回影，此現象即為「回油」，是判斷餅皮製作是否成功的重要指標。

pH 值：溶液的酸鹼度，即以 pH 值來表示。 pH=7 為中性， pH ＞ 7 則為鹼性， pH ＜ 7 則為酸性。

糖　度：即為食品中的含糖量（濃度），測量單位為 Brix（糖度）。 Brix 度數＝蔗糖重量（%），糖度 30°Brix 亦即 100g 水中含有 30g 的糖。

水活性：食品的含水量，以百分比（%）表示。將食品經脫水或乾燥至微生物無法生存的含水情況下，即可延長食品的保存期限；亦即水活性愈低，保存時間愈久。

收　率：指原料用量，與製作完成終點秤重後，二者差誤之百分率。

月餅製程重點

‖ 材料的準備與選用 ‖

麵　　粉：需依製作餅皮種類不同，而選用不同筋度的麵粉，才能配合產生柔軟、出筋包覆等不同效果。且麵粉（其他粉類亦同）在加入製作前，最好都要過篩兩次，使組織均勻膨鬆不結塊，以利於操作。

轉化糖漿：製作廣式月餅餅皮不可或缺的材料，糖度以 72°～80°Brix 為準。熬製好需靜置 1～3 個月待轉化完全後才能使用，做出來的餅皮品質才穩定。

油　　脂：依製作用途的不同而選擇不同種類的油脂來使用，製作月餅以豬油、奶油、酥油、白油、液體油等油脂為多。而豬油、奶油、酥油三者間均可相互替代使用，若要製作素食餅皮，即可用白油加入奶油調配，但風味仍比不上豬油、高級奶油所製成的餅皮。

餡　　料：無論是哪一種口味的甜豆沙餡或鹹口味餡料，唯有食材新鮮才能熬製或炒煉出高品質的餡料。然而即使是購買現成餡料，建議一定要先試吃，以決定是否需要再加以調整。

堅 果 類：除杏仁外，其餘核桃、松子仁、瓜子仁均需事先以 150°C 烤約 12～15 分鐘，烤到第 6 分鐘稍上色需取出翻拌再續烤，時間到立即出爐冷藏，不可堆聚以防餘熱使其繼續焦化。

冰　　肉：將豬肉脂肪切成 0.5cm 小丁，以一層脂肪、一層砂糖的排法相疊並噴灑米酒，放入冷藏儲放一週後即為冰肉。

鹹 蛋 黃：使用冷凍鹹蛋黃時，在包餡之前要事先預烤；若使用生鹹鴨蛋敲出的生蛋黃，若不事先預烤，而直接包入餡料一起烤熟時，則必須降爐溫、延長烘烤時間，並多次噴水以防長時間烘烤餅皮乾燥，以此法製成的月餅雖然費工，但品嘗時更加美味。

蛋 黃 水：簡稱蛋水或蛋汁，主要作用是用於塗刷於餅皮上，經烘烤後增加餅皮的著色與光澤。蛋黃水之調製配方，請見本書 P.48。

黑白芝麻：使用前需先用水清洗，取漂浮芝麻瀝乾後，入乾鍋先以大火炒去濕氣，再改小火炒，待聽到芝麻開始有爆裂聲時，即倒出冷卻，如此處理過的芝麻香氣才足夠。

‖ 餅皮製作過程 ‖

● 攪拌

漿　　皮：攪拌時切忌揉壓以免出筋，揉好的餅皮 pH 應在 8～9 之間。

糕　　皮：只需將材料混拌均勻即可。

油 酥 皮：水皮需揉至出筋，油皮只需將麵粉與油脂拌勻即可。將此水皮麵團包覆油皮麵團，經三次擀折後即為油酥皮。

冰　　皮：將材料完全拌勻成團即為冰皮，唯夏季炎熱、溫度較高，為衛生安全起見，可再放入蒸籠蒸熟，冷卻後需冷藏 2～4°C 保存。亦可用預拌粉來製作。

●鬆弛

各類餅皮（冰皮除外）在搓揉或擀捲過後均需鬆弛，期間需蓋上保鮮膜或乾淨濕布，以防麵團乾燥脫水，難以操作。

●擀皮方式

單層餅皮：漿皮、糕皮、冰皮等類餅皮麵團在包餡時，僅需在分割滾圓後，用手壓扁並擀成適當大小的圓麵皮即可包餡。

油 酥 皮：因需多次擀捲，靜置鬆弛時須留意麵皮脫水問題；且若鬆弛時間不足，會造成麵皮擀開後回縮的現象，必須繼續鬆弛。

●包餡

包餡手勢

餅皮厚較易於包餡。包餡時先用手掌壓扁再擀成圓片，手勢熟練的師傅 30g 的餅皮可以包入 150g 的餡料。收口時要用虎口慢慢向上搓壓推擠餅皮，讓麵團在手掌內慢慢轉動，以使餅皮分布均勻，厚薄相同，烤後才會美觀。

包鹹蛋黃的方法

若要製作包鹹蛋黃的月餅，可在餡料分割滾圓後即包入鹹蛋黃，或者在餅皮包餡料的過程中，用手指壓出凹洞塞入鹹蛋黃再一起收口。

皮餡比的練習比例

建議初學讀者可先從 1：2 的皮餡比開始學包餡，再漸漸往 1：3 以上高比例進階練習。

●整形

手粉的使用

整形時為防麵團沾黏，可在工作檯及手上撒少許高筋麵粉作為手粉。

月餅模撒粉

月餅在入模前，模型一定要先撒粉再扣出餘粉，使模內表面均勻鋪滿一層薄粉，如此月餅入模後才能更順利扣出，防止餅皮沾黏在餅模上。

月餅入模

月餅放入模型後，在秤量計算準確狀況，只要利用手掌確實地將月餅壓實，便能扣出花紋清晰的月餅。

脫模技巧

凡是要手工入模的月餅，除上述月餅模要事先撒粉外，脫模技巧也很重要。單手握緊月餅模手柄處，在桌面上適當施力敲擊餅模使月餅邊緣脫離餅模、出現縫隙，反手再次敲扣另一側，使月餅另一側也離模，最後將餅模翻轉倒扣，利用餅模前端敲擊桌面邊緣（月餅扣落點應在桌緣之外），並用另一手掌接住掉落下來月餅即成。

●烘烤

烤箱預熱

烘烤任何產品前，烤箱均需事先預熱至預設溫度，才能將產品入爐烤焙，否則爐溫不足將會烤出失敗作品，例如月餅變形斜塌、餅皮失水太乾或餅色不足等。

烤盤抹油

烤盤在排放月餅前要事先抹一層薄油，以防烤後月餅黏底。但油酥皮類月餅因餅皮含油量高，故烤盤可不必抹油。

月餅噴水

使用月餅模整形的月餅在脫模後，餅皮表面均會沾上少許麵粉，此時應用乾燥的毛刷刷除表面餘粉，並在入爐前用噴霧器噴少許水使餅皮濕潤，烤後餅皮才不會有如生黴狀斑點。

刷蛋水

刷蛋水的方式大略有以下兩種：一為烘烤至餅皮開始著色時，即取出刷 1 ～ 2 次的蛋水（刷兩次著色更均勻），再入爐繼續烘烤；二為先刷蛋水兩次再入爐直接烤至全熟。

餅皮著色的判斷

一般烘烤以餅色烤至金黃、金紅或淺咖啡色為止，若焦化則會有苦味。

① 廣式月餅

烘烤爐烘烤餅色若為中深色度，一旦回油後餅色則會轉為黑深、咖啡色，所以烘烤時切忌希望廣式月餅皮一次烤到色澤剛好，否則待回油後餅色便偏深焦色，應烤至比希望色澤略淺即可。

② 台式月餅

因為台式月餅並無回油的問題，所以一旦烘烤至希望的餅色時，立刻出爐即可。尤其是綠豆凸更要注意，烤至表面膨脹如鼓，餅皮微著淺色則要立刻出爐。兩面煎月餅則是要烤至雙面金黃色或烙紅色。

③ 蘇式京式月餅

餅皮和台式月餅相同亦不回油，只要烤到色澤美即可出爐。

家用烤箱烤焙注意事項

家庭用烤箱雖然附有定時器及上下溫控制開關，不過還是不同於工廠用的平板烤爐或旋轉烤爐。家庭烤箱上下間距小，烤溫不易控制，所以製作時最好以迷你型小月餅為主，每顆 40 ～ 50g 大小，烤時比較容易控制餅皮外表的色澤。而且爐溫除了烤綠豆凸時必須上火小、下火大外，其餘皆以上溫大火來控制即可。此乃因為爐溫先預熱，先烤上溫為主，若萬一餅底及餅腰（側邊）上色不佳，怕烤不熟月餅，只要關掉上火續烤熟即可。若是此時餅色已美，可以再以鋁箔紙蓋住月餅表面，可避免著色過深。

烘焙百分比

▌烘焙百分比計算式之重要性 ▌

1 容易調整、更改配方中的材料分量，利於活用，對於店舖或廠商等在實際運用上，是必須學會運用的計算方法。

2 由烘焙百分比中，易於檢查出配方是否有誤。

3 可作爲相同種類之產品配方上的比較檢討。

4 可依據配方平衡的科學處理，來調整配方以適合銷售盈利。

▌餅皮配方實例 ▌

對象	一般讀者	烘焙業者專用	
材料	實秤重量	烘焙百分比	實重百分比
低筋麵粉	7.0kg	100%（以麵粉爲100%）	$\frac{7}{14.14} \times 100\% = 49.5\%$
糖漿	5.25kg	$\frac{5.25}{7} \times 100\% = 75\%$	37.13%
油脂	1.75kg	25%	12.38%
鹼水	0.14kg	2%	0.99%
總計	14.14kg	202%	100%

▌計算原則 ▌

烘焙百分比之制訂，通常是以配方中用量最多的材料，取其重量定爲100%，其實際重量則爲此配方中烘焙百分比計算式之分母。而一般烘焙正規業者所運用的各種產品配方，大多仍以麵粉爲成品之材料基礎，所以將麵粉總重設爲100%，其餘材料之烘焙百分比則加以比對計算即可。故所謂的標準配方應提供各項材料之烘焙百分比而非實際重量，才是最準確且可靈活運用的作法。

●計算方式A

首先應先知道該配方中之烘焙比，再回推計算實際用材料之重量。

以上述月餅餅皮之烘焙百分比爲例，若想生產每個重185g之廣式月餅1000個，皮餡比爲1：4，則計算方式如下：

①先計算出餅皮、餅餡各需多少重量，以單個或整批1000個月餅計算均可（以下以單個月餅爲例）：

月餅重量＝185g／個，其中要求皮：餡＝1：4

$185 \div \frac{1}{(1+4)}$ （皮）＝ 37g（1份餅皮重量）

$185 \div \frac{4}{(1+4)}$ （餡）＝148g（1份餅餡重量）

___

月餅總重＝185g

②已知每個月餅重 185g 之中，餅皮重 37g，餅餡重 148g

　而所希望生產之月餅總數為 1000 個，則餅皮及餅餡個別總重計算如下：

　餅皮：　37g（單個）× 1000 ＝　37kg

　餅餡：148g（單個）× 1000 ＝ 148kg
　―――――――――――――――――――――
　1000 個月餅材料總重則為＝ 185kg

〔說明〕以上①②步驟亦可將順序交換，先乘出月餅材料總重，即 185g × 1000 個 =185kg，再個別乘以 1/5（皮）、4/5（餡），亦可得到餅皮總重 37kg、餅餡總重 148kg 的結果。

③已知餅皮總重 37kg，各項材料烘焙百分比加總為 202%，故依烘焙百分比來計算餅皮各項材料所需重量：

材料	烘焙比(%)	計算式		實際重量(kg)
低筋麵粉	100	$37kg \div \frac{100}{202}$ %=18.32kg	→	18.32
糖漿	75	$37kg \div \frac{75}{202}$ %=13.74kg	→	13.74
油脂	25	$37kg \div \frac{25}{202}$ %− 4.58kg	→	4.58
鹼水	2	$37kg \div \frac{2}{202}$ %= 0.36kg	→	0.36
總計	202			37

●計算方式 B

　亦可先求出各項材料的係數，再逐一相乘，便可得到各項材料的用量，計算方式如下：

①首先將麵粉烘焙比的 100% 除以總烘焙比 202%，即 100 ÷ 202＝ 0.495 ―→此即「麵粉係數」。再將月餅總重 37kg 乘以 0.495（麵粉係數），即可得出麵粉用量為 18.32kg。

②糖漿材料用量：亦先求出糖漿係數（即 75 ÷ 202=0.371），將 37kg 乘以糖漿係數 0.3712 則得出糖漿用量為 17.73kg，其餘材料均比照此式計算。

●計算注意事項

　以上兩種計算方式均可，但若遇到除不盡的情況時，小數點後取的位數愈少且製作量愈大時，則計算後的重量誤差會愈大。所以以上二式以計算式 A 精確度較佳，而無論是計算式 A 或 B，均建議先計算出製作總重後，再去分別計算各材料的所需重量，由大量回推小量，計算時較不會因為小數點後的四捨五入而產生較大的誤差。

月餅皮餡比

所謂的「皮餡比」，便是決定一個月餅中餅皮與餅餡的厚薄比例，「皮」指的是餅皮，「餡」則包含了所有包在餅皮內的餡料，而不是單指豆沙餡。皮餡比是製造月餅一開始便要決定的重要大事，同時也是商家用來決定月餅銷售價格的重要依據。當然月餅餡的品質、純度更是影響月餅價格與品質的重要因素之一。

然而皮餡比除了是代表月餅品質好壞的重要指標之一，對於實際操作的影響也很大。因為若操作技巧不熟練，即使想要做出皮薄餡多的高品質月餅，恐怕也會因為包餡技術不純熟而失敗，所以製作前同時也必須考慮操作者的技法是否熟練，以上數種因素整合考量後，才能制訂出合理的月餅皮餡比。

1：1～1：5　　　◀皮餡比的變化

‖ 皮餡比計算式 ‖

●先計算單個月餅總重

取用已決定要製作的月餅餡料，放入月餅模中壓實，用刮板將表面多餘的餡料刮除使表面平整，接著敲出餡料脫模秤重（以下簡稱A），若此款月餅希望生產的皮餡比為1：5，則1＋5＝6（即皮餡比數字總和，以下簡稱B），月餅餅皮的重量則為C。

公式：　$\boxed{月餅皮重(C)＝餡料秤重(A)÷皮餡比總和(B)}$

若A＝150g，皮餡比＝1：5

則C＝A÷B＝150g÷$\dfrac{1}{(1+5)}$＝25g ··· 餅皮重量

$\qquad$ 150÷$\dfrac{5}{(1+5)}$＝125g ··· 餅餡總重

$\qquad$ 或150（月餅重）－25（餅皮重）＝125g ·······

●若是餡料中需包覆鹹蛋黃或其他材料，如蓮蓉蛋黃月餅、蛋黃酥等產品，在計算出單個月餅所需的餡料重量後，需再扣除使用蛋黃的重量。

（計算式承上）

餅餡計算總重＝125g，若事先設定要包入一顆重約10g的鹹蛋黃，則

餅餡＝125－10（鹹蛋黃）＝115g（餡料重量）

承上，所以詳細的皮餡材料重量應是＝餅皮25g／餡料115g／鹹蛋黃10g。

〔注意〕每種餡料因其比重（密度）不同，所以即使利用相同大小的月餅模，所秤量出的重量亦不同，所以在秤量計算時必須取用正式生產製作所使用的餡料，才不致導致計算上的重量誤差。

‖ 如何依皮餡比制定月餅售價 ‖

皮餡比的比例並沒有一定的規定，而是要由自己考慮月餅品質、成本、操作難度等各種條作而來決定的。

一般商業上的習慣作法，一盒四個或六個裝的白蓮蓉月餅，售價約在 NT600 ～ 1000 元之間，每個約 150 ～ 170 元，銷售毛利則以 80% 來計算。

而成本之估算亦是根據月餅皮餡比、單個月餅總重等條件，先估餅皮的成分、重量估計出成本後，再計算餅餡之成分總價，最後將兩者相加即為單個月餅餡重之成本價格。以此成本價格為基準，再外加 80 ～ 100% 不等的毛利潤，即為月餅的正式售價。

‖ 各式月餅皮餡比 ‖

品質	等級	皮餡比	風味評比	價格（個／NT）
廣式月餅	高級	1：5	皮薄餡多，較美味	約 200 元
	一般	1：4	市面常見	約 150 元
	便宜	1：3	較少見，皮厚餡少，較不美味	約 100 元
台式月餅	高級	1：4	美味品質佳	約 150 元
	一般	1：3	市面常見	約 100 元
	便宜	1：2～1：1.5	皮硬、餡少，較不美味	約 40～50 元
蘇式月餅	高級	1：1.7	皮酥，層酥多	約 80 元
	一般	1：1.5	酥脆，層酥中等	約 60 元
	便宜	1：1	硬酥脆，層次少	約 30～40 元
冰皮月餅	高級	1：3	軟Q，有咬感	約 100 元
	一般	1：1	餡味淡，Q性不足	約 50 元

【店舖篇】

廣式月餅

{廣式漿皮月餅製作}

準備事項

　　在開始製作廣式月餅之前，最重要的便是事先熬煮轉化糖漿。轉化糖漿在熬煮後需靜置 1 ～ 3 個月，裡面所含的糖才能轉化完全，製作餅皮烤後才不會反砂結晶，所以提早熬糖漿是不可輕忽的重點（作法請參照本書 P.44）。此外鹼水的配製（請參照本書 P.45）、餅餡是自行炒煉或購買現成，都是需要提早決定的。上述材料都備妥後，便可以開始秤料、預熱烤箱、預烤鹹蛋黃（烘烤方式請參照本書 P.46）或堅果等動作，以準備進行月餅的製作。

攪拌

　　攪拌的目的在於使餅皮材料能夠充分地融合，形成光滑柔軟的麵團。此階段重點在於避免用力揉壓使麵團出筋，以免餅皮烘烤後過於乾硬。

❶將 2/3 的低筋麵粉置於盆中，將糖漿、鹼水攪拌勻後加入。

❷再加入花生油攪拌均勻。

❸用橡皮刮刀拌至黏稠。

鬆弛

　　為使材料能充分地融合，麵團在經過操作揉壓後，組織會緊縮，為使麵團能好操作，所以每次搓揉或攪拌麵團後，都必須進行靜置鬆弛的動作。此階段重點要避免麵團失水，所以要緊密蓋上保鮮膜。

❶將麵團蓋上保鮮膜，鬆弛 30 ～ 60 分鐘。

❷將剩餘的 1/3 麵粉加入，手勢乃由下往上拌以免出筋，拌至光滑。

❸蓋上保鮮膜，再次鬆弛 20 分鐘，至麵團完全融合均勻光滑。

包餡

　　將鬆弛後的麵團分割完成，接下來便可準備包餡。包餡的重點是利用虎口的力量來推展麵皮。視月餅大小、餡料多寡而決定餅皮麵團要擀開至多大、多薄，擀得太大或太小都不利於包餡。收口也要利用虎口和姆指壓緊，以防烤時爆裂露餡。

❶工作檯面撒少許高筋麵粉，將麵團取出調節柔軟度、稍搓整揉合。

❷將麵團搓成長條狀，按所需重量分割，亦將餡料按所需重量分割。

❸ 將餅皮麵團稍搓圓壓扁，用擀麵棍壓擀成圓片。

❹ 將餡料置於餅皮中央，利用虎口使麵團逐漸收口包起。

塞入鹹蛋黃

　　月餅中如需包入鹹蛋黃，有兩種方式。可先將鹹蛋黃包入餡料中，再進行餅皮包餡的動作，或者如以下步驟所示，直接在包好的餡料中挖洞填入，亦可節省不少操作時間。

❶ 若要包鹹蛋黃，可待收口至一半時，用手指在餡料中央戳出凹洞。

❷ 將已烤熟的鹹蛋黃塞入月餅餡料的凹洞中。

❸ 繼續維持相同手勢，一邊讓麵團在手中轉圈，一邊收緊虎口使收口捏合完成。

整形

　　麵團入模前最重要的是要先在模內撒粉，否則麵團入模再經擠壓，勢必難以脫模而失敗。

❶ 月餅模內先撒少許高筋麵粉，再扣出餘粉。

❷ 將包好的月餅麵團放入模型中央，以掌根均勻施力壓平麵團，務必使麵團與餅模均勻貼合，扣出來的月餅表面花紋才會清晰。

脫模

　　脫模的力道需小心拿捏，太大力容易將月餅敲壞變形，力道太小則難以扣出。建議在正式製作前可拿取餅皮麵團練習脫模，待熟練後便可萬無一失。

❶ 用右手握住月餅模把手，將餅模轉90°，以側邊往桌面施力敲扣，使月餅麵團與餅模稍分離。

❷ 同上步驟，將餅模反手翻轉，敲扣另一側，使月餅與餅模分離。

❸ 待左右兩側麵團均與餅模稍分離後，利用餅模前端敲擊桌面邊緣（月餅扣落點應在桌緣之外），並用左手接住扣落出來月餅，即脫模完成，接續即可進行烤焙程序。

｛轉化糖漿的熬製｝

　　廣式月餅風行全世界，有華人的地方，就有廣式月餅，所以我們也可說中秋月餅的代表作，就是廣式月餅。然而廣式月餅之極致表現，在於餅皮在烘烤冷卻後二日，會開始回油光潤，不僅餅色會稍加深，餅皮口感也會潤滑柔軟且味道清香。而廣式餅皮之所以能如此與眾不同，關鍵乃在於轉化糖漿。但因為轉化糖漿至少要經過一個月之儲放後，才可用來製作，所以至少需在月餅製作前一個月熬製完成。

　　轉化糖漿的熬製，不僅是廣式月餅的特色之一，同時更保持了遠古中華民族的技法。蜂蜜是最古老同時也是品質最佳的糖漿，將天然水果食材的清香風味煮入糖漿之中，即為轉化糖漿最古老的製法。而今轉化糖漿為了因應廠家大量生產以符合經濟原則，現今商業式熬糖法便是加入檸檬酸等化學酸劑，古今作法各有其特點及奧秘，於後將一一說明。

‖ 添加化學酸劑熬煮之轉化糖漿配方 ‖

材料	烘焙比(%)	重量(g)
細砂糖	100	1000
水	100	1000
檸檬酸	0.1	1
合計	200.1	2001

●熬煮程序

1 深鍋中放入水以大火煮至沸騰，加入檸檬酸，待酸完全溶化。

2 加入細砂糖，並注意沾黏鍋邊之糖粒，須舀水將之全部洗入鍋內，以防砂糖加熱後焦化。

3 改中小火維持沸騰慢熬，要注意鍋底不可焦化。

4 待糖漿逐漸濃稠，表面水泡由大轉小時，用溫度計（可測至150°C）測溫。

5 至糖漿溫度升至108°C時，將糖液滴入水中若能半凝固成球狀，即可熄火，此時糖度應在76°～78°Brix之間，熬煮時間共約3～4小時。

6 將糖漿以乾淨的紗布過濾，靜置冷卻後即完成。

◀糖漿熬至滴入水中成半凝固球狀，即表示完成。

●注意事項

1 以此法熬製的轉化糖漿在必要時可立刻使用，但製成的月餅僅能保存2～3天，若要製作能久儲的月餅，轉化糖漿需儲放一個月以上。使用未長時間儲放的轉化糖漿所製成之月餅，不僅容易烤裂，餅身也會塌陷，放久易結晶。

2 為使月餅之餅色反光、色澤金黃帶紅，可在熬製轉化糖漿之前，先另用砂糖熬煮成焦糖，待轉化糖漿正式熬煮時加入，含焦糖的轉化糖漿可加深烤後的餅色。

3 轉化糖漿之轉化率在65%左右時，所製作出的月餅組織最為細膩香醇、餅皮柔軟不乾硬，品質為最佳。

‖ 利用天然水果熬製之轉化糖漿配方 ‖

材料	烘焙比(%)	重量(g)
細砂糖	100	1500
水	67	1000
新鮮酸鳳梨	13.33	200
新鮮檸檬	12	180
合計	192.33	2880

●事先準備

1 鳳梨去皮洗淨，切成厚片。

2 檸檬洗淨切成0.5～1cm的厚片，須去籽以防熬煮出苦味。

糖色製作

　　白砂糖150g與水10g混合，以小火加熱至糖溶解，可搖動煮糖鍋，使砂糖在鍋中受熱均勻，直至慢熬至呈深褐色，即為所稱之「焦糖」或「糖色」。熬煮的愈久色澤愈深愈苦，可依產品特性來調整熬煮程度。

●熬煮程序

1 水煮沸後加入細砂糖、新鮮鳳梨、檸檬片，續以大火煮沸。

2 待滾後改小火熬煮（不加蓋），讓食材在鍋中呈菊花狀對流翻滾（如圖），不需攪拌，並一邊撈除浮沫。

3 待熬煮約 3 小時後，倒入棉布袋中濾除鳳梨、檸檬片。

4 將糖漿回鍋以小火繼續熬煮約 2 小時，即可進行終點測試。

◀ 熬煮糖漿需用直式窄口深鍋，以免長時間熬煮水分蒸發過多。

5 終點測試法：用湯匙取出少量糖漿，待稍涼後即滴入冷水中，若糖漿可凝結成柔軟圓球（手捏測試），則表示熬煮完成，糖漿色澤應呈金紅色且質地濃稠。

糖漿轉化溫度、轉化度與轉化耗時之關係

熬煮糖漿時，溫度每提高 10℃，轉化速率便增加 3.5 倍。到達 65% 轉化率，則是轉化之最佳品質。

糖液酸度	熱糖液溫度	轉化耗時	糖液酸度
pH ＝ 4	80℃	每小時	3.3%
pH ＝ 4	90℃	6 小時	65%
pH ＝ 4	90℃	4 小時	65%

｛鹼水配製｝

在餅皮中加入鹼水的作用，在於改進餅皮之黏彈性，賦予特殊風味及食感、金黃色澤，同時提高麵筋蛋白的最佳彈性以及最低水溶性狀態，以利餅皮之可塑性、延展性，加速澱粉膠化過程，增加澱粉糊之黏性，使烘烤後餅皮堅實有光澤。廣式月餅皮在加入鹼水後，餅皮之 pH 保持在 8.8 ～ 9.0 之間時，其延展彈性可達到最佳狀態。

‖ 鹼水配製 ‖

配方	配製方法	濃度	對粉使用量
A 食用鹼粉 25g ＋小蘇打 1g+ 沸水 100cc	拌勻至完全溶解後冷卻過濾	較稀	4 ～ 6%
B 食用鹼塊 500g ＋沸水 500cc	拌勻至完全溶解	中等	1 ～ 2%
C 食用鹼塊 625g ＋沸水 1000cc	拌勻至完全溶解	較濃（飽和鹼水）	0.2 ～ 0.8%
D 市售鹼油 10cc ＋水 50cc（家用配方）	直接加入使用	中等	2 ～ 2.3%

關於鹼水

鹼水可利用不同的鹼製品來調製，其中以鹼粉和鹼塊最為常用。鹼粉即為 Na_2CO_3 單品，鹼塊則是 Na_2CO_3 加水後再定型成塊狀的產品。古時的鹼水則是將植物燒成灰粉後，再加水調和成鹼水溶液。

• 鹼水濃度標準
鹼水　1°＝水 1000cc ＋鹼粉　7.4g
鹼水 30°＝水 1000cc ＋鹼粉 222g
鹼水 50°＝水 1000cc ＋鹼粉 370g

鹼粉

{鹹蛋黃的選別與前處理}

鹹蛋黃在中秋月餅中的使用量極多,同時也扮演餡料中極為重要的角色,而不論是台式月餅、蘇式月餅,尤其是廣式月餅,所使用的鹹蛋黃一個平均淨重為 10 ~ 15g,在餡料中可謂佔有極重要的分量。所以如果沒有處理妥善,常有生黴的問題發生。鹹蛋黃都是包在各式月餅餡的中心,蛋黃與餡是否分離、鹹蛋黃心是否有白點、硬心或酥鬆等等,以上一連串的問題,都是生黴所造成的。

‖ 細說鹹蛋黃 ‖

●生鴨蛋產地

製作鹹鴨蛋所使用的生鴨蛋,多是養殖在湖邊多魚蝦之地帶,或餵養含魚粉、蝦粉之飼料養鴨場所產。在這種區域養殖的鴨子所生的鴨蛋,以越南以及中國大陸湖北所產品質最佳,同時也是目前製作鹹蛋黃的生鴨蛋之大宗供給地。

●鴨蛋鹽漬法

鴨蛋鹽漬是否足夠,對於鹹蛋黃品質極為重要。醃浸過頭則鹹蛋黃太硬,不足則鹹蛋黃太軟、不成形;不足或過頭,鹹蛋黃都會變得很黏。

1 台灣

將濃度 20%(20g 鹽溶於 100g 的水中)的鹽水燒開殺菌,加入高粱酒及花椒,冷卻過後即用此鹽水醃浸生鴨蛋,冬天浸泡 30 天、夏天浸泡 28 天即熟成。或將黃土加入 20% 鹽水中煮沸再冷卻,再將生鴨蛋先沾裹土漿再裹覆一層米糠,置於陰涼處醃漬 40 天。

2 中國大陸江蘇高郵湖

因氣候因素所致,當地以鹽水醃浸需 40 天以上(含黃土)。

鹹蛋黃在餡料中的佔有比

品項	鹹蛋黃佔比率
蛋黃酥	1/2
綠豆凸	1/3
台式月餅	1/3 ~ 1/2
廣式月餅	1/2 ~ 2/3

鹹蛋黃與廣式月餅之重量關係

月餅重量	鹹蛋黃重量
180 ~ 200g	16 ~ 18g
90 ~ 120g	10 ~ 16g
50 ~ 60g	5 ~ 9g(約1/2粒)

●鹹蛋黃之加工生產法

鹽醃好之生鴨蛋,先以清水洗去外殼之泥土,敲破蛋殼,倒除蛋白液,留下紅色之生鹹蛋黃。接著將之放入 22% 的濃鹽水中,再次仔細清洗黏附蛋黃上的蛋白黏液,瀝乾水分。每粒 10 ~ 15g 之生鹹蛋黃,噴灑 60° 的高粱酒以去除生鹹蛋之腥臭味,要預烤則排入烤盤,若要留待備用則浸泡沙拉油保存。

●鹹蛋黃之預先處理

經鹽水洗淨後噴酒,放入烤箱內以 150°C 烘烤。每粒 10g 之鹹蛋黃以 150°C 烤 5 分鐘,每粒 15g 則烤烤 8 分鐘。

‖ 鹹蛋黃之選別 ‖

鹹蛋黃是廣式和台式月餅餡的重要主角之一,甜餡中包入鹹蛋黃,不僅可以中和甜膩的口感,同時也可增加美觀。除了購買冷凍鹹蛋黃,也可購買生鹹蛋黃來製作,烤後的月餅風味更佳。選購時要以色澤金紅、質地堅實且以燈光檢查中心無白點者為佳,此表示醃漬時間足夠。

若無法購得已處理好的生鹹蛋黃,也可以自行購買生的鹹鴨蛋回來自行處理。處理方式是先敲破蛋殼取出生蛋黃(蛋白流掉不用),用手接住蛋黃後,將黏附在蛋黃上的黏稠蛋白厚膜剝乾淨(如下圖)。為免弄破生蛋黃,手勢需輕柔,可將蛋黃鬆握在手中來回滑動,即可快速去除蛋白厚膜。蛋黃處理乾淨後,再以濃鹽水(鹽 22g:水 100g)清洗蛋黃外表,即可進行後續的預烤或保存等處理程序。

總而言之,優質的生鹹鴨蛋,蛋黃應呈稍硬質感,若敲出後發現蛋黃太軟,則表示醃漬期不足,不可使用。

鹹蛋黃試烤方法

在預烤時，原則上以低溫長時間烘烤為佳，較不易失敗。試烤時亦需挑選相同重量的鹹蛋黃來做測試，結果才準確。若挑選每顆鹹蛋黃重 15g，爐溫為 150°C：

❶ 第一次先預烤 5〜7 分鐘（時間可自訂），時間到後取出切剖面，觀察蛋黃幾分熟。

❷ 若蛋黃過熟則降爐溫，再重新放入一批同重量的鹹蛋黃，減少烘烤時間再進行測試，直到測出八分熟的標準時間。

❸ 若蛋黃未達八分熟，再重新放入一批同重量的鹹蛋黃，延長烘烤時間再進行測試，直到測出八分熟的標準時間。

‖ 關於預烤鹹蛋黃 ‖

因鹹蛋黃帶有腥味，未烤前最好在酒內浸漬片刻或噴酒，再取出排入烤盤。先將烤箱預溫至 150°C（剝好鹹蛋黃用 22〜24% 的鹽水清洗，洗後拭乾），烘烤鹹蛋黃 5〜7 分鐘至八、九分熟未出油前停止，即可有效防止鹹蛋黃發黴。烤好取出後務必再噴酒並浸泡麻油，除可殺死鹹蛋黃之細菌外，當包入餡料後，在月餅高溫烘烤時，鹹蛋黃在此時逼烤出油，其香氣才能與甜餡充分相混，增加月餅風味。

預烤鹹蛋黃時，如果沒有留意而烤至出油則失敗。因為如果將出油的鹹蛋黃用來製作月餅，則待月餅烤好切開時，會發現蛋黃不油潤，而且鹹蛋黃與餡料分離、鹹蛋黃裂開，鹹蛋黃的口感也會硬而不酥鬆。為避免預烤失敗，預烤鹹蛋黃須特別注意，無論烤溫高低，鹹蛋黃都只能烤到八至九分熟，在未出油前即停止。

‖ 鹹蛋黃之儲存 ‖

鹹蛋黃烤好必須等到完全涼透，使所含水氣完全蒸發後，才能浸泡在麻油中保存，使用前再取出濾除麻油即可。如果不是立即使用，則可繼續儲存在麻油中保存，但不可混壓重疊，以免互相沾黏破壞外觀，可用蠟紙間隔。而剛敲出的生鹹蛋黃，則浸泡在沙拉油中儲存備用即可。

‖ 餡料直接包入生鹹蛋，風味更佳 ‖

以上乃是包入預烤熟鹹蛋的作法，若要選用生鹹蛋來製作包餡，前處理方式與上述大致相同，唯保存時可浸泡在沙拉油中，且利用生鹹蛋包餡的月餅，在烘烤時須特別留意，且糖漿糖度須低於 72°Brix、餅皮油脂用量較少（配方平衡），烘烤過程中亦需噴霧水 2〜3 次、延長烘烤時間等，才能達到月餅內生鹹蛋黃的殺菌效果，同時也才能烘烤出風味香醇之廣式月餅。此乃製作頂級廣式月餅之重要訣竅，若將鹹蛋黃先預烤再使用，或者是使用冷凍鹹鴨蛋，均無法達到如此香醇之效果。

‖ 包鹹蛋黃的方法 ‖

❶ 直接塞入鹹蛋黃

月餅皮包好餡，用虎口收口的時候，用右手食指在收口處插一或二孔，決定包一個蛋黃或雙黃在內，然後再用虎口將餡蓋住繼續收口（如下圖），如此餡與鹹蛋黃在月餅烤好後不會二者分離的現象。特別是包在蓮蓉餡或豆沙餡時，若餡不夠軟，最好立刻再加入 1〜2% 的油調軟餡料再包鹹蛋黃，否則鹹蛋黃和餡料烤後易分離。

1️⃣ 先在適當位置戳出孔洞。
2️⃣ 將鹹蛋黃填入。
3️⃣ 利用虎口繼續收口至完成。

❷ 先包鹹蛋黃再包餡

也可先將分割好的餡料搓圓戳出凹洞，塞入鹹蛋黃後收口搓圓，再進行擀皮包餡的動作，以此種包餡法雖然較為費工，但月餅切開後，鹹蛋黃會在月餅中央，切面較為美觀。

1️⃣ 將餡料置於掌心中央，並戳出凹洞。
2️⃣ 填入鹹蛋黃。
3️⃣ 收口搓圓後即可準備包餡。

{調製蛋黃水}

蛋黃水簡稱蛋水或蛋汁,有利用全蛋打散或只取蛋黃調水等不同作法。在產品上塗刷上蛋黃水,可增加烘焙後的色度與光澤,無論是西點麵包餅乾或中式點心,都經常在產品表面塗上蛋黃水,讓產品看起來更具光澤、更加可口誘人。

‖ 不同烤色之蛋黃水配方 ‖

烤色淺金黃		烤色金黃			
配方 A		配方 B		配方 C	
蛋黃	100%	蛋黃	3 個	蛋黃	2 個
清水	50～100%	全蛋	1 個	全蛋	1 個
		麻油	5g	醬油	少許
				麻油	少許

〔說明〕配方 A 的使用水量範圍,可依個別所需調整蛋水濃度,濃度高者適合製作蛋黃酥,烤後表面呈金黃色;濃度低者適合製作廣式月餅,月餅初烤至淺著色時刷蛋水,烤後呈淺金黃色。

‖ 調製方法 ‖

將材料輕輕打勻(勿起泡),並將打不散的蛋白及空氣用篩網過濾去除後才能使用。

‖ 正確的刷蛋水方式 ‖

毛刷沾蛋水的重點在於,要待刷子沾蛋水後在容器邊緣稍微擠出多餘的蛋液(如圖),最好瀝至刷時蛋汁不會頻頻滴下才最理想,否則蛋液太多,餅皮表面的字體、紋路不清晰,蛋水積留在花紋縫隙中不易烤熟,容易生黴。所以原則上希望蛋汁不要太黏稠,以免初次進行刷蛋水的技術職工不易把握。

炒餡基礎—豆沙胚製作

製作流程	注意事項

水洗 ←------- 漂洗去砂石、雜物、蟲豆、未熟豆。

浸水 ←------- 若浸水太久則易失去豆之風味,浸水過頭則會難以煮透。----●浸豆水溫時間表

水溫	時間
20℃	6小時
30℃	4小時
40℃	3小時
60℃	2小時

漂洗 ←------- 冷水洗豆以洗去豆皮所含皂素、膠質、雜質、黏液,再加入豆體積2倍之冷水,準備加熱煮豆。

煮沸 ←------- 煮至沸點後加入冷水使其降溫。

降溫 ←------- 待煮豆水降溫到50℃以下。

倒水 ←------- 倒除1/2的煮豆水,乃為保持豆香與色澤完美;若使用老豆則要倒除全部煮豆水。

加水 ←------- 加水至淹過豆粒約1～2cm的高度即可,若水加太多則豆容易煮爛失敗。

再煮沸 ←------- 以中火煮1～1.5小時。

終點判定 ←------- 煮豆終點判定法:以手壓捏豆粒,若皮易破、芯柔軟,可輕易捏爛,則可熄火燜浸。

熄火燜浸 ←------- 燜20～30分鐘,若使用壓力鍋,則在壓力0.3kg/cm² 以下燜約30分鐘。

冷卻粗洗 ←------- 機械:利用洗豆機、洗去豆皮。
手工:將豆粒置於篩網中,浸在水中洗去豆皮,豆澱粉粒會沉澱缸底。

換水漂洗 ←------- 洗去細胞膜外之不純物(跑出之澱粉)以保持豆餡風味,一般漂洗重覆三次即足夠,但有時需視豆之種類、水溫(冷水)、澱粉粒情況,需洗至沉積桶或盆底。

脫水 ←------- 機械:利用篩濾機或脫水機進行脫水。
手工:放入布袋中擠除水分。
規格:生餡含水分需在65%以下。
●切忌脫水過乾破壞細胞壁,否則餡料風味不佳,即使炒時加水也無法補救。

豆沙胚 ←------- 基礎豆沙胚完成,需冷藏保鮮,短時間堆積需小心發熱腐臭。

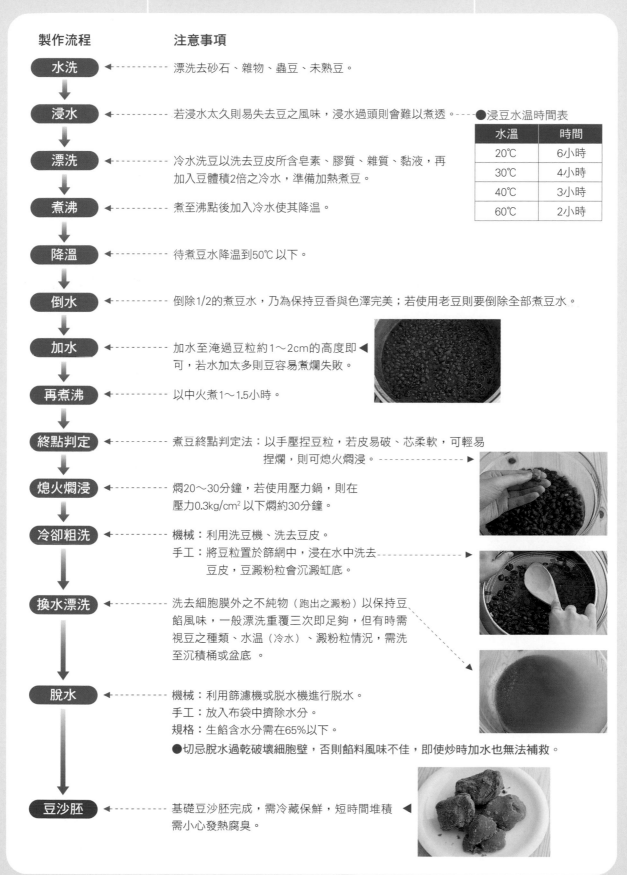

{紅蓮蓉餡}

▌配方 A ▌

材料	烘焙比(%)	重量(g)
乾燥蓮子	100	200
收率＝300%		蓮蓉胚＝600g

材料	烘焙比(%)	重量(g)
蓮蓉胚	100	600
細砂糖	167	1000
麥芽糖	50	300
生花生油（或奶油、白油）	50	300
合計	367	2200

▌製作程序 ▌

●製作蓮蓉胚

1 乾燥蓮子以水漂洗後，加入蓮子重量 3～4 倍水（蓮子吸水量較豆類多），以大火煮到熟，可用手輕捏蓮子，若可輕易壓成粉狀即表煮熟，時間約 30～40 分鐘。

2 趁熱粗磨成漿（左圖），放入布袋中壓除水分，即為蓮蓉胚（右圖）。

●炒煉

1 蓮蓉胚入鍋大火炒至水分蒸發，再改小火加入細砂糖炒至濃稠。

2 將花生油分 2～3 次加入，以小火慢炒到黏稠。

3 當餡料不再黏鍋且濃稠冒氣泡時，改小火加入 60°C 之融化麥芽糖繼續翻炒。

4 炒餡至收乾濃稠時便要經常測溫，直至餡料溫度 114°C 即熄火。

●冷卻

迅速將炒好的蓮蓉餡倒入不鏽鋼盤中，攤平冷卻即完成。

▌配方 B ▌

材料	烘焙比(%)	重量(g)
乾燥蓮子	100	175
收率＝300%		蓮蓉胚＝525g

材料	烘焙比(%)	重量(g)
蓮蓉胚	100	525
白豆沙胚	28.5	150
細砂糖	145.7	765
水	2.4	12.5
生花生油	23.8	125
麥芽糖	28.5	150
合計	328.9	1727.5

▌製作程序 ▌

●製作蓮蓉胚

方式請參照配方 A。

●炒煉

1 將砂糖與水放入炒鍋，以大火煮至糖溶解。

2 加入白豆沙胚與蓮蓉胚，續炒至餡料難以翻拌時，改小火徐徐加入花生油續炒。

3 炒至餡料完全不黏鍋時，再加入 60°C 之融化麥芽糖拌勻。

●冷卻

迅速將炒好的餡料倒入不鏽鋼盤中，抹平攤開冷卻後即完成。

{紅豆沙餡 | 烏豆沙餡}

‖ 配方 ‖

材料	烘焙比(%)	重量(g)
紅豆沙胚	100	1000
細砂糖	60	600
麥芽糖	10	100
生花生油	20	200
合計	190	1900

‖ 配方 ‖

材料	烘焙比(%)	重量(g)
紅豆沙胚	100	500
細砂糖	62	310
水	150	750
生花生油	22	110
合計	334	1670

‖ 製作程序 ‖

● 製作紅豆沙胚

方式請參照本書 P.49。

● 炒煉

1 將生花生油與細砂糖一起放入炒鍋中，以中火煮至糖完全溶化。

2 此時加入紅豆沙胚，以大火不停翻炒。

3 炒至餡料測溫達 110°C 時，改小火加入麥芽糖續炒到不黏鍋。

◀取一小塊餡料拉開，若尖端可如圖般不下垂，即表示炒餡完成。

● 冷卻

迅速將炒好的餡料倒入不鏽鋼盤中，攤平冷卻後即完成。

豆餡炒煉方式

炒煉的方式不外乎小火長時間炒煉或大火短時間炒煉兩種。若要豆餡香醇有光澤，需大火短時間炒煉，若以小火長時間炒煉，炒好的豆餡不僅缺乏光澤，且容易發黴。另中式糕點餡多加入豬油、板油來炒煉豆沙餡，可使餡料增香、口感滋潤光滑。

‖ 製作程序 ‖

● 製作紅豆沙胚

方式請參照本書 P.49。

● 製作焦糖色

將水、細砂糖一起加入炒鍋中，以大火煮沸後改中小火，一邊煮時一面用湯匙將糖水舀起淋於鍋邊，直到糖水顏色變成深紅褐色（糖色）。

● 炒煉

1 隨之將紅豆沙胚加入鍋中，以大火熬炒至濃稠冒小水泡。

2 改中火並將花生油徐徐加入鍋中同炒，直到餡料不黏鍋。

● 冷卻

迅速將炒好的餡料倒入不鏽鋼盤中，攤平冷卻後即完成。

‖ 注意事項 ‖

因餡料含水量少，且會愈炒愈濃稠，所以炒煉時需十分仔細控制火候，勿心急而開大火熬炒，容易焦底失敗。

{棗泥餡}

‖ 配方 ‖

材料	烘焙比(%)	重量(g)
煙燻大粒黑棗	100	500
無核小紅棗	60	300
無核蜜棗	20	100
收率＝77%		棗泥胚＝700g

↓

材料	烘焙比(%)	重量(g)
棗泥胚	100	700
紅豆沙胚	120	840
粗砂糖	60	420
生花生油	40	280
麥芽糖	20	140
合計	340	2380

糖度計使用方法

將糖度計前端（A處）的表蓋打開，取少量炒好的餡料塗抹在玻璃面板上，將表蓋蓋上，如下圖般將糖度計對準光源，即可看見檢測物之糖度刻度。現在亦有電子式的糖度計。

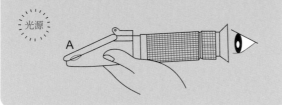

光源　A

‖ 製作程序 ‖

●製作棗泥胚

材料全部洗淨後，放入蒸籠蒸熟或以水煮熟（水淹過棗子即可），取出全部倒在50目之篩網上，用刮刀或木杓用力壓濾，濾除棗皮與棗核後，濾出的棗泥即為棗泥胚。

●製作紅豆沙胚

方式請參照本書P.49。

●炒煉

1 將粗砂糖、生花生油放入炒鍋中，以大火炒至稍著色。

2 加入棗泥胚、紅豆沙胚以大火熬炒，待餡料濃稠、水泡變小時改成小火續炒

3 炒至不黏鍋時，即加入60℃的融化麥芽糖拌勻，續炒至不黏手時即熄火。

●冷卻

迅速將炒好的餡料倒入不鏽鋼盤中，攤平冷卻後即完成。

炒餡終點測試法

取少許餡料放在不鏽鋼盤中先用平鏟迅速刮平（左圖），待回推鏟起時若能如右圖般呈薄片刮起，則表示達炒餡終點。

{伍仁火腿餡}

‖ 配方 A ‖

材料	烘焙比(%)	重量(g)
● A		
冰肉	70	84
金華火腿	70	84
● B		
核桃仁	140	168
芝麻	35	42
冬瓜糖	140	168
松子	35	42
瓜子仁	70	84
桔餅	35	42
橄欖仁	35	42
● C		
糖粉	200	240
糕粉	100	120
● D		
蜂蜜	46.7	56
花生油	37.5	45
麻油	37.5	45
醬油	17.5	21
威士忌	7.5	9
玫瑰露	20	24
玫瑰醬	61.7	74
山梨糖醇	41.7	50
合計	1200	1440

‖ 製作程序 ‖

●備料

· 冰肉作法請參照本書 P.33。

· 核桃仁切成 1cm 小丁，以140°C 烤 20 分鐘。

· 芝麻以 140°C 烤 10 ～ 15 分鐘。

· 冬瓜糖、桔餅、橄欖仁分別切成 0.5cm 小丁。

· 松子仁、瓜子仁分別以 140°C 烤 10 ～ 15 分鐘。

· 糖粉、糕粉混合過篩。

●攪拌

　將全部材料（A、B、C、D）置入鋼盆中混合，雙手戴無菌手套用力拌壓。

●鬆弛

　全部拌勻後鬆弛 30 分鐘，即可準備使用。

‖ 配方 B ‖

材料	烘焙比(%)	重量(g)
糕粉（熟在來米粉）	100	440
白油	23	100
玉米糖漿	100	440
糖粉	54	240
核桃	60	260
瓜子仁	68	300
白芝麻	60	260
桔餅	45	200
紅蔥酥	22.7	100
冰肉	54.5	240
冬瓜糖	27.3	120
高粱酒	6.8	30
鹽	1.4	6
煉乳	22.7	100
合計	645.4	2836

‖ 製作程序 ‖

●備料

· 核桃以 140°C 烤熟後切成 1cm 小丁。

· 白芝麻漂水洗砂後，和瓜子仁一同以 140°C 烤 10 ～ 15 分。

· 紅蔥酥以豬油低溫油炸。

· 冬瓜糖、冰肉、桔餅分別切成 0.5cm 小丁。

· 糕粉、糖粉混合過篩。

●攪拌

　將全部材料置入鋼盆中混合，雙手戴無菌手套用力拌壓成團即可。

●鬆弛

　全部拌勻後鬆弛 30 分鐘，即可準備使用。

◀在拌壓伍仁餡時，雙手必須戴上無菌手套，以免餡料孳生細菌。

{ 廣式蓮蓉蛋黃月餅 }

規格	餅模＝180g	數量＝20 個	材料總重＝3600g
	皮餡比＝1：3	皮：餡＋鹹蛋黃＝45g：120g＋15g	

‖ 配方 ‖

餅皮 　　　　　　　　　　　　　　45g／個

材料	烘焙比(%)	重量(g)
低筋麵粉（蛋白質含量 8%以下）	100	463
轉化糖漿（糖度 78～80˚Brix）	78	361
生花生油	13.3	62
鹼水（pH12）	3.3	15
合計	194.6	901

餅餡 　　　　　　　　　　　　　　135g／個

材料	烘焙比(%)	重量(g)
蓮蓉餡	100	2370
麻油	1.27	30
鹹蛋黃	12.6	300（20 個）
合計	113.87	2700

製作流程

準備	
秤料・烤箱預熱・預烤鹹蛋黃	
麵粉過篩・準備手粉、蛋水、餅模	
攪拌	
鬆弛	30～60 分
第 2 次攪拌	
第 2 次鬆弛	20 分
分割	
餅皮 45g・蓮蓉餡 120g	
包餡	
入模整形	
脫模	
刷去餘粉並噴霧水	
烤焙	
上火 230℃／下火 150℃ 烤至上色	5～7 分
出爐	
刷 2 次蛋水	
烤焙	
回爐上火 200℃／下火 150℃ 烤至金黃	10～15 分

‖ 餅皮製作 ‖

●攪拌

1 將 2/3 的低筋麵粉過篩，將糖漿、鹼水以橡皮刮刀拌勻後加入（左圖）。

2 加入生花生油攪拌至黏稠，即可準備進行鬆弛（右圖）。

●鬆弛

餅皮材料混拌時，不可揉壓以免出筋。此時麵團尚未光滑，將麵團蓋上保鮮膜，鬆弛 30～60 分鐘，使麵團成分吸收得更均勻。

●第二次攪拌與鬆弛

將 1/3 的低筋麵粉加入以拌至麵團表面光滑，再次蓋上保鮮膜鬆弛 20 分鐘，使麵筋鬆弛並防止餅皮乾燥。揉好的餅皮 pH 應在 8～9 之間。

●分割

在手上及工作檯上撒少許手粉以防沾黏，將麵團取出搓成長條狀，用刮板分割成每份 45g，即可準備包餡。

‖ 操作要訣 ‖

●包餡

將餅皮直接用手壓扁或擀開，包入蓮蓉餡，待收口至一半時用手指在餡料中央戳出凹洞，塞入一顆烤好鹹蛋黃，再收口捏緊即完成。或者亦可將分割好的蓮蓉餡先包入鹹蛋黃搓圓，再進行餅皮包餡的動作（請參照本書 P.47 示範）。

●入模與整形

　　整形時為防麵團沾黏，可在工作檯及手上撒少許高筋麵粉作為手粉。入模前餅模一定要撒粉，以免壓模後麵團沾黏無法扣出。另入模壓平麵團的力道要平均，才能印出清晰美麗的餅紋。

●脫模

　　脫模方式同本書P.43所述敲扣三次。月餅重量愈小，敲扣時力道則要愈大，但須小心用力過猛以免使月餅變形。

●烤焙

　　烤焙前月餅要先刷除餘粉再噴霧水使其濕潤。此外廣式月餅烤焙分二個階段：先烤至微上色時即要取出刷兩次蛋水，目的在於使上色更均勻，毛刷沾附的蛋水亦不能過多或過少，以免影響著色情形。刷完蛋水後再入爐烤時，必須將上火降溫，以免烤後著色過深，直到餅色金黃即可。

◀待月餅初烤至微上色時，即取出刷蛋水。

{迷你紅豆沙月餅}

規格	餅模＝50g	數量＝20 個	材料總重＝1000g
	皮餡比＝1：1.5	皮：餡＝20g：30g	

‖配方‖

餅皮   20g／個

材料	烘焙比(%)	重量(g)
低筋麵粉	100	200
轉化糖漿	65	130
生花生油	33	66
鹼水	3	6
合計	201	402

餅餡   30g／個

材料	烘焙比(%)	重量(g)
紅豆沙餡	100	600
合計	100	600

製作流程

- **準備**
  - 秤料・烤箱預熱
  - 麵粉過篩・準備手粉、蛋水、餅模
- **攪拌**
- **鬆弛**   30～60 分
- **第 2 次攪拌**
- **第 2 次鬆弛**   20 分
- **分割**
  - 餅皮 20g・紅豆沙餡 30g
- **包餡**
- **入模整形**
- **脫模**
  - 刷去餘粉並噴霧水
- **烤焙**
  - 上火 230℃／下火 150℃烤至上色   5～7 分
- **出爐**
  - 刷 2 次蛋水
- **烤焙**
  - 回爐上火 200℃／下火 150℃烤至金黃   8～15 分

‖製作程序‖

●攪拌

將 2/3 的低筋麵粉置於盆中，加入糖漿、鹼水以橡皮刮刀拌勻，再加入花生油攪拌至黏稠。

●鬆弛

餅皮材料混拌時，不可揉壓。此時麵團尚未光滑，將麵團蓋上保鮮膜，鬆弛 30～60 分鐘，使麵團成分吸收得更均勻。

●第二次攪拌與鬆弛

將 1/3 的低筋麵粉加入拌勻至麵團表面光滑，再次蓋上保鮮膜鬆弛 20 分鐘，使麵筋鬆弛並防止餅皮乾燥。揉好的餅皮 pH 應在 8～9 之間。

●分割

在手上及工作檯上撒少許手粉以防沾黏，將麵團取出搓成長條狀，用刮板分割成每份 20g，即可準備包餡。

‖操作要訣‖

●包餡

　　將餅皮直接用手壓扁或擀開，包入紅豆沙餡，收口捏緊即完成。

●入模與整形

　　整形時為防麵團沾黏，可在工作檯及手上撒少許高筋麵粉作為手粉。入模前餅模一定要撒粉，以免壓模後麵團沾黏無法扣出。另入模壓平麵團的力道要平均，才能印出清晰美麗的餅紋。

●脫模

　　脫模方式同本書 P.43 所述敲扣三次。月餅重量愈小，敲扣時力道則要愈大，但須小心用力過猛以免使月餅變形。

●烘烤方式請參照 P.54 廣式蓮蓉蛋黃月餅。

●烘烤方式請參照 P.54 廣式蓮蓉蛋黃月餅。

廣式月餅餅皮與回油

廣式月餅皮回油之主要影響因素

❶ 轉化糖漿的質量與濃度（即含糖量）

❷ 鹼水濃度

❸ 餅皮配方是否正確——糖多則回油快，如以麵粉當作 100%，油的使用量最多為 25 ～ 30%

❹ 製作技術是否純熟

　　若糖漿含糖量、餅皮含油量與餡料之含油量三者能搭配完美，則所製出的廣式月餅則能得到最佳的回油效果。

製作餅皮之糖油含量

❶ 油含量：一般用量在麵粉用量的 20 ～ 30% 之間。

❷ 含糖量：多半在 70% 之間，糖度 76°～ 82°Brix。

❸ 鹼　水：控制餅皮鹼性在 pH8 ～ 9。

{ 迷你棗泥松子月餅 }

規格	餅模＝50g	數量＝20個	材料總重＝1000g
	皮餡比＝1：3	皮：餡＝12g：38g	

‖ 配方 ‖

餅皮 12g / 個

材料	烘焙比(%)	重量(g)
低筋麵粉	100	119
轉化糖漿	65	78
生花生油	33	39
鹼水	3	4
合計	201	240

餅餡 38g / 個

材料	烘焙比(%)	重量(g)
棗泥餡	100	720
烤熟松子	5.5	40
合計	105.5	760

製作流程

- **準備**
  - 秤料・烤箱預熱・麵粉過篩
  - 準備手粉、蛋水、餅模
- **攪拌**
- **鬆弛**   30～60分
- **第 2 次攪拌**
- **第 2 次鬆弛**   20 分
- **分割**
  - 餅皮 12g・棗泥松子餡 38g
- **包餡**
- **入模整形**
- **脫模**
  - 刷去餘粉並噴霧水
- **烤焙**
  - 上火 230℃／下火 150℃烤至上色   5～7分
- **出爐**
  - 刷 2 次蛋水
- **烤焙**
  - 回爐上火 200℃／下火 150℃烤至金黃   8～15分

‖ 餅餡製作 ‖

松子以 180℃烤 4 分鐘至微黃（如圖），取出與棗泥餡拌勻，依配方分割好備用。

‖ 餅皮製作 ‖

● 攪拌

將 2/3 低筋麵粉置於盆中，加入拌勻的糖漿、鹼水拌勻，再加入花生油以橡皮刮刀拌至黏稠。

● 鬆弛

將麵團蓋上保鮮膜，鬆弛 60 分鐘，使麵團成分吸收均勻。

● 第二次攪拌與鬆弛

將剩餘 1/3 的低筋麵粉加入，以橡皮刮刀壓拌至麵團表面光滑後，再次蓋上保鮮膜鬆弛 20 分鐘。

● 分割

在手上及工作檯上撒少許手粉（如圖），將麵團取出搓成長條狀進行分割，準備包餡。

‖ 操作要訣 ‖

●包餡

操作方式同一般廣式月餅,但因皮薄餡多,為免收口露餡或破皮,要用雙手以慢慢推壓麵皮的方式來收口。

●其餘整形、脫模、烘烤之操作要訣均同 P.54 廣式蓮蓉蛋黃月餅。

標準廣式月餅之特點

項目	特點
外形	金黃油潤、餅皮花紋浮凸、清晰、邊角分明、圓滑、不缺損,兩腰稍如鼓形,色澤由深金黃到淺金黃。
切面	皮薄餡多,鹹蛋黃油潤,內餡油光反射。
口感	蓮蓉代表,紅蓮蓉最具自然、清蓮香味,鹹蛋黃香醇酥鬆,金紅如明月高掛,咀嚼後滿口香甜,稍有鹹蛋香味。
餅底	平整不焦硬。
重量	標準廣式月餅1個5～6兩(180～200g)。

{伍仁火腿月餅}

規格	餅模＝184g 皮餡比＝1：3	數量＝20個 皮：餡＝46g：138g	材料總重＝3680g

‖ 配方 ‖

餅皮　　　　　　　　　　　　　　46g／個

材料	烘焙比(%)	重量(g)
低筋麵粉	100	461
轉化糖漿	65	300
生花生油	33	152
鹼水	1.4	28
合計	199.4	920

餅餡　　　　　　　　　　　　　　138g／個

材料	烘焙比(%)	重量(g)
伍仁火腿餡	100	2760
合計	100	2760

製作流程

準備	
秤料・烤箱預熱・麵粉過篩	
準備手粉、蛋水、餅模	
攪拌	
鬆弛	30～60分
第2次攪拌	
第2次鬆弛	20分
分割	
餅皮 46g・伍仁火腿餡 138g	
包餡	
入模整形	
脫模	
刷去餘粉並噴霧水	
烤焙	
上火 230℃／下火 150℃烤至上色	5～7分
出爐	
刷2次蛋水	
烤焙	
回爐上火 200℃／下火 150℃烤至金黃	10～15分

‖ 餅皮製作 ‖

●攪拌

1 將 2/3 的低筋麵粉過篩，將糖漿、鹼水以橡皮刮刀拌勻後加入。

2 加入生花生油攪拌至黏稠，即可準備鬆弛。

●鬆弛

大致拌勻後，將麵團蓋上保鮮膜，鬆弛 30 ～ 60 分鐘。

●第二次攪拌與鬆弛

將剩餘的低筋麵粉加入，用橡皮刮刀將材料由盆底往上翻拌，待拌壓至麵團表面光滑均勻後，再次蓋上保鮮膜鬆弛 20 分鐘。

●分割

在手上及工作檯上撒少許手粉，將麵團取出搓成長條狀進行分割，準備包餡。

伍仁火腿餡的整形

伍仁餡因加入大量堅果類組織較鬆散，為使其結聚成團，操作時在依配方秤好分量後，先包入烤熟鹹蛋黃，雙手抓握餡料並捏緊，再用塑膠袋  包起，兩端用力扭緊，使餡料凝聚成團即可。或亦可戴上無菌手套，直接用雙手捏合塑形。

‖ 操作要訣 ‖

●包餡

1. 伍仁餡因組織較爲鬆散，須戴上無菌衛生手套將餡料捏緊塑形再進行包餡工作。

2. 將分割好的餅皮擀開，再包入伍仁餡收口。若覺月餅份量大而不易操作時，可將麵團反轉使收口朝下（如右圖），利用雙手由上往下推展餅皮的方式來收口，較易掌控餅皮的厚薄均勻。

●其餘整形、脫模、烤烘之操作要訣均同 P.54 廣式蓮蓉蛋黃月餅。

廣式月餅製作祕笈

　　本套配方及製作程序與一般廣式之不同處，除了餡料中包入未經預烤之生鹹蛋黃，需延長烘烤時間以達到較佳之殺菌效果，故採用配方濃度較稀的轉化糖漿，以避免長時間烘烤餅皮著色過深。同時此配方之轉化糖漿也具有不易結晶、耐久儲（一年），風味清香、果香濃郁之多項優點。在低溫長時間烘烤之期間，月餅表面需多次噴水使餅皮保持濕潤，殺菌時間增長，月餅保存時也不易生黴。所以本套配方在製作程序上雖比一般配方的廣式月餅來得繁複，但鹹蛋黃未經預烤，所製作完成的月餅更可保留其香酥口感及香醇風味。

▌糖漿配方▌

材料		烘焙比(%)	重量
細砂糖		100	60kg
水		81.25	48.75kg
白醋		0.8	0.48kg
檸檬酸		0.05	0.03kg
水果	新鮮綠檸檬	2	1.2kg（約5～6個）
	新鮮鳳梨	4	2.4kg（約2個）
	新鮮柳丁	2	1.2kg（約5～6個）
合計		190.1	約114kg

●備料

　　檸檬、柳丁洗淨後切片並去籽，鳳梨切去頭、尾及外皮後切片備用。

●糖漿之熬煮與儲放

　　鍋中加水煮沸後加入砂糖，煮至砂糖溶化後，再放入檸檬酸拌至溶化。接著加入白醋與切片水果以大火加熱，煮沸後改小火加熱，保持糖液在沸騰狀態，讓鍋中的水及水果片維持在如菊花狀的翻滾對流。熬煮全程均不必加蓋，持續熬煮約3.5～4小時，終點糖度為72°～74°Brix，pH4.2。將煮好的糖漿以80目之濾網過濾後，再儲放於桶中保存。

●本配方糖漿特點

　　轉化糖漿熬煮好後，至少要存放一個月以上才能使用製作。而依此配方程序所熬煮出來之轉化糖漿濃度較低但品質穩定，儲存後之糖漿風味香甜，色澤金黃透明（無雜質）；即使儲放在桶內一年，砂糖也不會還原成結晶糖，此乃其最大優點。

▲以此配方熬製的轉化糖漿濃度較低，滴入冷水中不會如左圖般凝結成顆粒，而會如右圖緩緩攤平。

‖ 餅皮配方 ‖

材料	烘焙比(%)	重量(g)
低筋麵粉	100	863
糖漿（72°Brix／pH4.2）	69.5	600
生花生油	26.07	225
鹼水	1.32	11.4
合計	196.6	1700

● 餅皮製作

1 將糖漿與鹼水一起混拌，再加入油脂以慢速（40 R.P.M.）攪拌均勻。

2 取 2/3 的麵粉過篩加入，換鉤狀攪拌器以慢速拌混至均勻即可（尤其是氣溫高時不可拌打太久），鬆弛 30 ～ 60 分鐘。

3 鬆弛完成後，再加入 1/3 的麵粉，同樣以慢速攪拌混合即可，餅皮即完成。

〔說明〕攪拌完成的廣式餅皮麵團在 1 小時內之可塑性最佳，且存放後餅皮內鹼水之鹼性會逐漸減弱，所以不適合久儲後再使用，最好在 1 小時內使用完畢。

‖ 廣式蓮蓉月餅製作 ‖

● 規格

- 5 兩月餅 → 皮：餡＝ 1 ： 5 ＝餅皮 30g ：（蓮蓉餡 142g ＋生鹹蛋黃 15g）
- 4 兩月餅 → 皮：餡＝ 1 ： 4.7 ＝餅皮 26g ：（蓮蓉餡 124g ＋生鹹蛋黃 15g）
- 2 兩月餅 → 皮：餡＝ 1 ： 4 ＝餅皮 15g ：（蓮蓉餡 51g ＋生鹹蛋黃／9g，約半個）

● 作法

餅皮、餡料、生鹹蛋黃均分割好備好後，即依本書 P.42 之製作整形程序，將月餅完成。

● 烘烤

烤爐預熱至上火 220°C、下火 150°C，月餅排盤後刷除表面餘粉、噴少許霧水，即可送入烤爐烘烤。當烘烤至第 3 ～ 5 分鐘時，則要在烤盤底下再加襯一層烤盤，第 5 分鐘時則應取出月餅再噴第二次水。待烤盤調頭時需再噴一次水，餅皮烤至淺黃色時，再噴一次水。回爐續烤 3 分鐘後，將月餅取出刷蛋水，再回爐烘烤至餅皮著色成金黃色、餅邊變硬，即可出爐冷卻。

〔說明〕1 烘烤 2 兩之迷你月餅，爐溫應設定在上火 200°C、下火 150°C，其餘程序均同上。

2 本套製作程序乃是為了衛生安全考量，使包入月餅餡中之生鹹蛋黃能夠因延長烘烤時間，而使鹹蛋黃內外所含之細菌數降至最低，防止孳生黴菌，所以在烘烤過程中必須多次噴水，以延長月餅中心的高溫受熱時間。

3 本配方所使用之轉化糖漿含糖量稍低，餅皮之含油量亦較少，所以在烘烤過程中較不易上色，耐烘烤。

{台式糕皮月餅製作}

準備事項

　　糕皮麵團不像廣式漿皮麵團需要熬糖、配製鹼水，除非需要自行炒餡（餡料作法請參照本書 P.74～81），原則上只要將材料秤好、粉類過篩、麥芽糖隔水加熱保溫 60°C，接著將烤箱預熱、準備預烤堅果或鹹蛋黃即可。待以上一切準備妥當，很快地便可以進行正式製作。

攪拌

　　單純地將材料一一加入拌勻即可，但因為糖、油不易融合，所以在拌合時需要多花點耐心，以慢速攪拌即可。此外在每次加入麵粉後，最好以由下往上翻的手勢來輕拌，以避免麵團出筋。

❶將糖、融化麥芽糖（60°C）與酥油混合慢速攪拌。

❷加入蛋續攪拌至泛白。

❸加入80%過篩麵粉，由下往上攪拌至成為濕潤麵團。

第一次鬆弛

　　為了使材料能更充分地融合，此外麵團在經過操作揉壓後，組織會緊縮，為了使麵團能好操作，所以每次搓揉或攪拌麵團後，都必須進行靜置鬆弛的動作。此階段重點要避免麵團失水，所以要緊密蓋上保鮮膜。

待攪拌成如圖般均勻後，將麵團蓋上保鮮膜，靜置鬆弛30分鐘。

第二次鬆弛

　　因為麵團濕度與軟硬度會隨著季節氣候而有些微不同，所以此階段不將剩餘麵粉全部加入，待鬆弛完成再視情況做最後的調整。

❶再加入15%的麵粉，繼續攪拌至均勻。

❷至成為柔軟麵團，再次蓋上保鮮膜，鬆弛30分鐘，至麵團成分完全融合均勻光滑。

調整軟硬度（餅皮完成）

此階段的重點是要利用剩餘的 5% 麵粉將餅皮麵團調整至適當的軟硬度。而利用刮板壓拌的動作，除了可讓材料更進一步的相互融合，也能避免搓揉出筋。

❶ 工作檯面撒少許高筋麵粉，將麵團取出以刮板來回壓合，並視麵團濕黏情況再酌加麵粉。

❷ 待麵團揉至光滑，並如耳垂般柔軟時，糕皮麵團即完成。

包餡

包餡的重點是利用虎口的力量來推展麵皮。視月餅大小、餡料多寡而決定餅皮麵團要擀開至多大、多薄，但須切記擀得太大或太小都不利於包著。收口也要利用虎口和姆指壓緊，以防烤時爆裂露餡。

❶ 將麵團搓成長條狀，按配方重量分割完成，接著亦將餡料按配方分割完成。

❷ 將麵團稍搓圓壓扁擀成圓片後，將餡料放在餅皮中央，利用虎口使麵團逐漸收口包起。

塞入鹹蛋黃＆收口

月餅中如需包入鹹蛋黃，有兩種方式。可先將鹹蛋黃包入餡料中，再進行餅皮包餡的動作，或者如以下步驟所示，直接在包好的餡料中戳洞填入鹹蛋黃，亦可節省不少操作時間。

❶ 若要包入鹹蛋黃，可待收口至一半時，用手指在餡料中央戳出凹洞，塞入鹹蛋黃。

❷ 繼續維持相同手勢，一邊讓麵團在手中轉圈，一邊收緊虎口使收口捏合完成。

❸ 收口必須完全地捏緊密合，不可露餡。

後續整形、脫模方式均同廣式月餅（請參照本書 P.43），烘烤時間則視月餅大小而定。

糕皮之主要成分

糕皮屬單層的酥鬆餅皮，其主要成分爲糖、油、麵粉、水、蛋，依油脂使用量多寡，又可分爲重油與輕油兩種。發展到後來因爲受到日式糕點影響而改良配方，開始用蛋代替水（最多至 37%）。

- 重油：油脂用量爲麵粉用量之 40～50%，不加發粉，將所有材料一起拌和、不分層次。
- 輕油：使用發粉作爲膨鬆劑，將糖、油、蛋、發粉打發後再加入麵粉拌和，可塑性差，烘烤後腰縫凹處易生黴、爆裂，外形花紋不明顯。

另有台式和生餅，其蛋、麵粉、糖用量均多，亦有摻入小蘇打作爲膨鬆劑，餅皮鬆酥且軟。

台式糕皮月餅皮餡比與材料的作用特性

長方形喜餅、月餅常用的皮餡比爲 1：2 或 1：3（餡料中之豆沙餡：鹹蛋黃＝1.7：0.3），圓形或方形月餅則爲 2：3。

各種月餅皮之配方並非是一成不變的，只要能掌握以下的調配原則，自能製作出千變萬化、各種不同口感的產品：

- 調配原則：主成分烘焙比不變，其他外加成分可增減 15～20%，以調整出酥、脆、鬆等不同口感。

各材料使用比例不同與餅皮特性之關係

材料成分比例	烘焙比	餅皮變化
油多	40～50%	酥
糖多	50%	脆硬
蛋多	35～40%	鬆軟
加入乳化劑	1.5%	細膩鬆軟，不易老化或變硬
加入膨大劑	0.5～1%	餅皮膨脹，花紋不清晰

（如：小蘇打、碳酸阿摩尼亞、泡打粉等）

台式糕皮月餅配方表

烘焙比(%)＼配方 材料	配方A	配方B	配方C	配方D	配方E	配方F	配方G	配方H
低筋麵粉	100	100	100	100	100	100	100	100
細砂糖	—	56	50	56.25	—	—	—	—
糖粉	18.7	—	—	—	33.3	25	33.9	6
麥芽糖	—	—	—	—	—	—	—	20
油脂 豬油	—	75	—	—	—	—	—	30
油脂 奶油	13.3		—	21.85	50	50	19.13	—
油脂 酥油	33.3	20	—	—	—	—	—	—
蛋	18.7	37.5	43	40	20	25	54.35	20
水	20	—	—	—	—	—	—	—
鹽	—	—	—	—	1	—	—	1
奶粉	13.3	31	8.3	18.75	6.7	—	9.6	6
起司粉	6.7	—	—	—	—	5	—	—
小蘇打	—	2	1	0.7	—	—	0.87	0.5
碳酸阿摩尼亞	—	—	—	—	—	—	0.5	—
S.P.（乳化劑）	—	3.3	—	—	—	—	—	—
香草粉	—	0.8	—	—	—	—	—	—
餅皮特性	酥脆	硬脆酥	鬆軟	鬆脆	鬆酥	硬酥	鬆軟	鬆酥

{台式油酥皮月餅製作}

水皮製作

　　將糖、油、麵粉、水搓揉成均勻有彈性的麵皮，即為水皮麵團。麵粉加水搓揉後便會出筋，使麵團富有延展性，以便於包覆後續製作的油皮麵團。

❶ 糖粉與油放入盆中拌勻。

❷ 將麵粉過篩加入。

❸ 將水分次加入搓揉均勻（切勿一次加完），至麵團不黏工具即可。

❹ 當水皮麵團可以拉成如圖般的薄膜狀，即表示麵筋形成，水皮麵團完成。

❺ 將麵團蓋上保鮮膜，鬆弛靜置 15～30 分鐘。

油皮製作

　　只要將麵粉與油快速混拌均勻即為油皮麵團，揉合時需留意手溫或室溫過高而使油脂融化，必要時可置於冰箱冷藏片刻，使油脂凝固再繼續操作。

❶ 將麵粉置於工作檯上築成粉牆，倒入豬油拌勻成團。

❷ 如圖般用掌根將材料搓開，使其融合成均勻酥泥即可。

水皮、油皮分割

　　油皮揉好後，水皮麵團也差不多鬆弛完畢，此時便可依配方將水皮、油皮麵團秤重分割。通常分割前會將麵團搓成長條形，分割操作較為快速省時。

❶將油皮麵團搓成長條狀，依配方秤重分割成小塊。

❷取出鬆弛後的水皮麵團，同樣依配方秤重分割成小塊。

水皮包油皮

　　將分割好的水皮和油皮麵團分別搓圓後，便可進行包餡的程序。

❶水皮麵團用手壓扁，將油皮放在水皮上。

❷以拇指壓住油皮，利用虎口收口，油皮務必不能露出，否則成品烤後層次會不明顯。

第一次擀捲＆鬆弛

　　油酥餅皮的最大特色便在於利用多次擀捲，使其具有層次。擀捲操作時，切忌施力過大或動作太慢，擀麵棍上可沾少許手粉，以防擀時沾黏麵皮造成露酥，但手上則不宜沾太多手粉，以免使粉量增加而影響烘焙平衡，使餅皮變硬。

❶將包好的水油皮麵團壓扁。

❷將麵皮擀成長橢圓形，力道需輕而平均，動作迅速。

❸由外往內捲成長筒狀後，蓋上保鮮膜鬆弛 15 分鐘。若直接進行第二次擀捲，麵筋容易斷裂且麵皮會回縮不易擀開。

第二次擀捲&鬆弛

　　為了使餅皮層次更多，必須再進行第二次的擀捲，完成後一樣要靜置鬆弛，以免包餡時因麵皮回縮不好操作。若希望餅皮的層次更多，鬆弛後可再進行第三次擀捲，但不宜超過三次，否則亦會破壞餅皮的層次。

❶將第一次捲好的麵團垂直擺放，收口朝上，以手掌略壓平。

❷再次擀平後，同上述方式由外向內捲起。

❸將全部的麵團一一擀捲完成，蓋上保鮮膜後再次的鬆弛5～10分鐘。

包餡整形

　　將圓筒狀的麵團捏合壓扁擀成圓片後，才能進行包餡的動作。餡料可趁油酥皮麵團鬆弛的空檔分割備妥，包餡完成後的整形方式，則因月餅種類而有不同作法，全部整形動作完成後即可入爐烘烤。

❶將麵團橫放，用手指往中央壓下後，再用兩指捏合兩側麵團。

❷再次用手掌壓平麵團，使其成為圓片，即可準備擀平包餡。

❸油酥皮麵團擀成圓片，包入分割好的餡料，利用虎口收口捏緊完成包餡動作，收口時需深且小較佳。

後續月餅是否刷蛋水或撒芝麻、蓋紅印與烘烤方式，請見各類月餅示範

〔說明〕若不將完成兩次擀捲的油酥皮麵團壓平，而是直接切半剖開再擀平包餡，烤後即為可見螺旋紋明酥型的潮州月餅，台灣大甲地區的芋頭酥亦屬此類。

▎層次分明的油酥餅皮 ▎

中國漢點專業中，酥皮月餅可說是餅中上品，即所謂的多層次酥皮月餅，酥脆鬆軟，入口即化。而油酥餅皮之所以能擁有多層次的酥脆口感，是因為其成分中分成水皮與油皮兩部分，將富含油脂的油皮麵團包覆在水皮麵團內，經過 2 ～ 3 次的捲裏擀壓，即造成多層次的餅皮，烘烤後油皮融化，即可造成餅皮層次酥鬆的特性。台式月餅中的蛋黃酥、綠豆凸、冰沙月餅以及蘇式月餅均屬油酥餅皮。水皮與油皮麵團的成分如下：

- 水皮：中筋麵粉、糖、鹽、水、油脂（豬油、酥油、奶油、沙拉油）或蛋。
- 油皮：低筋麵粉、油脂（豬油、酥油、奶油或與麵粉混炒焦香之沙拉油）。

▎配方調整原則 ▎

1 麵粉：水皮之中筋麵粉可取各 50% 的高筋、低筋兩種麵粉，調成中筋麵粉來使用。

2 油脂：如要餅皮香則以豬油為主，奶油為次，酥油層次好，白油則易操作。

3 糖粉：若希望餅皮色澤潔白，則加入的糖量需在麵粉用量之 4% 以下，如綠豆凸；若希望餅皮烙紅色，則配方中需使用 15% 的糖（含糖粉），如兩面煎。

4 酥脆度：豬油使用量為麵粉之 5% 時，如蟹殼黃、酥皮燒餅，則口感屬酥脆略硬；豬油用量 40% 時，如太陽餅、豐原月餅，則餅皮更加酥脆、細碎。

5 膨大劑：不添加。

6 水：用量在 35 ～ 37% 之間。

7 添加劑：益麵劑，即為乳化劑，用量為麵粉用量之 1.5%。

8 油皮中之油脂：一般用量以 40% 為中性，多半添加以 40%、45%、50% 三者為準，或介於三者之間。

▎水油皮比例與成品口感之關係 ▎

水皮：油皮	酥脆度	特點
5：3	一般	水皮多、油皮少較容易操作，不易破酥，適合初學者操作
5：4	佳	適合一般熟練度者操作
5：5	特別酥脆	適合專業師傅操作

▎油酥餅皮加工生產重點 ▎

油脂之固體油脂指數（SFI）※介於 15 ～ 20% 之間時，其可塑性最大，最易操作，擀製的餅皮層次分明，烘烤後層酥效果最佳。高溫下若 SFI 太低，油脂容易滲透到麵皮內，而造成水油皮擀壓後分不出層次；油溫太低時，SFI 太大、太硬，難以操作，也會失去其分層效果。所以製作油酥餅皮時（也包含其他西點麵團），最重要的先決條件在於選用油脂的種類，再決定如何調配控制油脂及可塑性的最適合溫度。舉例如下：

1 奶油：製作丹麥麵團時，奶油先升溫再急降至 10 ～ 18°C 之間，此時與麵粉混合後的切面層次較分明，如果操作油溫高，油滲透到另一層粉內，則分不出層次。

2 豬油：製作油酥餅皮時，豬油先升溫再急降溫至 8 ～ 22°C 之間，然後與粉混合，再與水皮麵團擀捲，其可塑性與烘烤效果最佳。

3 花生油：製作月餅皮時，花生油之固體油脂指數最佳的溫度範圍介於 10 ～ 20°C，故在空調室內操作皮時較穩定。

總之，選用任何油脂時，都要先查看其在 15 ～ 25%SFI 之溫度範圍，並盡量於此範圍內操作製作，才不會因油脂融化或過硬，而造成操作上的困難。

※ SFI 即為「固體油脂指數」，意即油與脂兩者含量比率與使用溫度之關係，詳細說明請見本書 P.134。

{紅豆沙餡}

‖ 配方 ‖ ....

材料	烘焙比(%)	重量(g)
乾燥紅豆	100	1000
小蘇打	0.42	4.2
收率＝230%		紅豆沙胚＝2300g

材料	烘焙比(%)	重量(g)
紅豆沙胚	100	2300
細砂糖	120	2760
麥芽糖	14.4	331
酥油（或奶油、白油）	8.7	200
合計	243.1	5591

‖ 製作程序 ‖

●製作紅豆沙胚

1 紅豆選別洗砂後，浸水4小時。

2 加入冷水（濕豆1kg即加水1kg）及小蘇打以大火煮至熟，取出放入果汁機中打碎。

3 以50目篩網浸水漂洗過濾三次後（左圖），將沉底的紅豆沙（右圖）倒入棉布袋中，扭擠脫水，生豆沙胚即完成。

●炒煉

1 將紅豆沙胚放入鍋中，以大火翻炒至水蒸氣減少時，改中火並加入細砂糖。

2 繼續翻炒至糖完全溶化時，加入酥油續炒。

3 待水分變得更少、更加難炒時，改小火並加入麥芽糖拌炒。

4 炒至餡料不黏鍋且測溫達112°C、達終點糖度即完成。

●冷卻

迅速將炒好的餡料倒入不鏽鋼盤中，攤平冷卻後即完成。

‖ 重點 ‖

1 煮豆時若加入小蘇打較快熟，但風味、色澤均較差，若不加則煮熟時間會延長。

2 豆沙胚洗濾後脫水不能擠脫太乾，否則風味會變差，難以補救。

▲ 正常脫水的紅豆沙胚。　　▲ 脫水過乾的紅豆沙胚。

餡胚與豆沙胚

台式月餅餡之基礎，稱之為「餡胚」。因為台式月餅餡料還包含許多以水果為主原料的配方，所以無法以「豆沙胚」一詞完全概括，故稱為「餡胚」。所謂的「餡胚」，即指原料經蒸或煮熟後過濾成泥，還未加入任何糖、油等材料的熟料，且水分不能擠脫太乾的基礎餡。所有的餡料均是從原味的「餡胚」開始炒製的。而若是相同以豆類為原料製作的豆沙餡，除了配方上少油、少糖外，製作程序均與廣式豆沙胚相同（製作方法請參照本書P.49）。

{綠豆沙餡}

‖配方‖

材料	烘焙比(%)	重量(g)
乾燥綠豆仁	100	600
收率＝200%		綠豆沙胚＝1200g

⬇

材料	烘焙比(%)	重量(g)
綠豆沙胚	100	1200
細砂糖	41.7	500
豬油	10	120
麻油	0.8	10
合計	152.5	1830

‖製作程序‖

●製作綠豆沙胚

1 乾燥綠豆仁浸水4小時。

2 加水淹過豆仁表面 1 ～ 2cm（左圖），以大火蒸至手指可搓成粉的程度（右圖）。

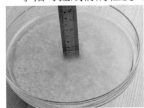

3 取出趁熱搗攪成粉狀，即為綠豆沙胚。

●炒煉

1 將綠豆沙胚放入鍋中，加入細砂糖與豬油，先以中火翻炒。

2 待炒至難以翻拌時再改小火熬炒，過程中需定時測溫，直到餡料測達 110 ～ 112°C 時即熄火。

3 加入麻油拌勻後，即取出準備冷卻。

●冷卻

迅速將炒好的餡料倒入不鏽鋼盤中，攤平冷卻後即完成。

‖重點‖

若希望綠豆餡富有紅蔥頭香味，可切碎 8 粒紅蔥頭，先用油爆香後，改低溫炸酥，再取出切碎，與糖、油、綠豆沙胚一起放入鍋中炒煉即可。

月餅常用餡料介紹

餡料種類		適用月餅
紅豆沙餡	重油重糖	廣式月餅
	一般糖油	台式月餅
	少油	冰皮月餅
綠豆沙餡		台式月餅為主，如綠豆凸、酥皮式龍鳳喜餅
棗泥餡	重油重糖	廣式月餅
	一般糖油	台式月餅
蓮蓉餡	重油重糖	為廣式月餅用餡之代表，有白蓮蓉、紅蓮蓉兩種
白豆沙餡		台式水晶月餅（表面沾白芝麻）
伍仁餡		廣式月餅
椒鹽芝麻餡		京式、蘇式月餅為多

{ 白豆沙餡 }

‖ 配方 A ‖

材料	烘焙比(%)	重量(g)
白鳳豆（或花豆、白扁豆）	100	600
小蘇打	0.42	2.5
收率＝200%		白豆沙胚＝1200g

材料	烘焙比(%)	重量(g)
白豆沙胚	100	1200
細砂糖	60	720
合計	160	1920

‖ 製作程序 ‖

● 製作白豆沙胚（直接水煮法）

1 原料豆選別水洗後，加冷水（豆的兩倍體積）以及小蘇打，以大火煮 30～35 分鐘，過程中需換水兩次。

◀扁平白鳳豆

2 煮至可搓下外皮，取出浸泡冷水測試，若有半數可自動脫皮時即可熄火。

3 再次加入冷水（淹過豆表面 1～2cm）以大火煮沸，燜煮至熟後改小火，共計約 1.5 小時。

4 取出加適量水用石磨或果汁機粗略攪打，即放入盆中漂洗 4～5 次（水溫 60℃）。

5 濾除豆皮，放入棉布袋中手壓脫水後，即為白豆沙胚。

● 炒煉

將白豆沙胚放入鍋中，加糖以大火炒熬至不黏鍋，測糖度達 82°Brix 即可熄火。

● 冷卻

迅速將炒好的餡料倒入不鏽鋼盤中，攤平冷卻後即完成。

‖ 配方 B ‖

材料	烘焙比(%)	重量(g)
乾燥白四季豆	100	600
小蘇打	0.42	2.5
收率＝200%		白豆沙胚＝1200g

材料	烘焙比(%)	重量(g)
白豆沙胚	100	1200
細砂糖	55	660
奶油	25	300
合計	180	2160

‖ 製作程序 ‖

● 製作白豆沙胚

1 原料豆選別水洗後，浸水一晚。

2 將原料豆瀝乾，另加冷水（淹過表面 1～2cm）及加入小蘇打，以小火煮 5 分鐘後熄火，再續燜 5 分鐘。

3 將豆取出浸泡冷水，並洗去豆皮，重新加水蓋過豆仁。

4 以大火煮沸後再改小火，煮至豆仁可輕易用手搓成粉的程度即熄火。

5 取出以冷水漂洗三次後，即可放入棉布袋中直接擠壓成泥狀，即為白豆沙胚。

● 炒煉

1 將白豆沙胚放入鍋中，加入細砂糖以大火炒至糖完全溶解。

2 改中火並加入奶油續炒，直至餡料不黏鍋時改小火熬炒。

3 熬炒過程中需定時取少許餡料測試，直到餡料冷卻後不硬化時，即可熄火。

● 冷卻

迅速將炒好的餡料倒入不鏽鋼盤中，攤平冷卻後即完成。

{咖哩餡}

‖ 配方 A ‖

材料	烘焙比(%)	重量(g)
白豆沙餡	100	500
綠豆沙餡	50	250
胡椒粉	0.7	3.5
印度咖哩粉	0.6	3
豬油	25	125
鹽	1	5
味精	0.25	1.25
紅蔥酥	2.5	12.5
蒜蓉酥	1.25	6.25
合計	181.3	906.5

‖ 製作程序 ‖

● 備料

　　白豆沙餡製法請參照本書 P.76，綠豆沙餡製法請參照本書 P.75。

● 炒煉

1 白豆沙餡、綠豆沙餡一起放入鍋中，以中火炒勻後，繼續攪拌炒煉。

2 改小火後加入胡椒粉、咖哩粉混拌。

3 炒至沸騰起泡時，慢慢加入豬油炒煉至均勻，最後加入鹽拌勻即熄火。

4 取部分餡料測試，待不黏手時則再加入味精、紅蔥酥、蒜蓉酥拌勻。

● 冷卻

　　迅速將炒好的餡料倒入不鏽鋼盤中，攤平冷卻後即完成。

炒餡秘笈・壹

　　一般炒製台式月餅餡，是先將餡胚與糖放入鍋中小火炒煉，過程中再逐漸加入油、麥芽糖、糕粉等其他材料繼續翻炒，直到終點結束。因為炒餡過程中水分會不斷蒸發，餡料愈濃黏而十分難以翻攪（尤其是水果餡），十分容易焦底，所以要特別注意以下事項：

● 火候控制

　　炒煉餡料時，火候控制是主導成敗的重要關鍵。無論熬炒何種餡料，只要能把握住「大火炒餡→水蒸氣變少、餡料起泡轉小時改中火→水分更少、濃稠難以翻拌時改小火→完全不黏鍋時熄火（測溫應達 110 ～ 112℃）」的大原則，便能有效降低炒餡失敗的機率。

● 炒煉手勢

　　炒煉過程中若覺得難以翻拌，則要由鍋底向上翻炒，才能避免餡料積沉鍋底而燒焦，待覺得費力時，一定要改小火炒餡。

● 加入麥芽糖的時機

　　炒餡時一旦加入麥芽糖，餡料的濃稠度便會瞬時提高，致使餡料難以拌炒，很容易焦底，尤其是台式月餅餡的油用量較廣式月餅餡來得少，炒餡的困難度也相對地提高。所以配方中若含有麥芽糖時，在此建議麥芽糖最好在炒餡即將完成時熄火加入，利用餡料本身的高溫來拌融麥芽糖即可。

{奶油椰蓉餡}

‖配方A‖

材料	烘焙比(%)	重量(g)
白豆沙餡	100	300
椰粉	70	210
綿白糖	65	195
無鹽奶油	55	165
蛋	30	90
起司粉	7.5	25
糕粉	20	60
合計	347.5	1045

‖製作程序‖

● 備料

　白豆沙餡製法請參照本書 P.76。

● 攪拌

1 將糕粉以外的材料全部混合以慢速拌匀後，鬆弛 30 分鐘。

2 加入 90% 的糕粉後，測試餡料軟硬度是否適中，保留 10% 作為調節之用。

3 鬆弛 3 小時後，直接冷藏保存即可。

‖重點‖

　因為糕粉吸水、吸油的反應速度比較慢，所以不可一次加完，否則餡料容易過硬，且烘烤時餅皮也容易裂開。亦可將配方中一半的糕粉以熟麵粉替代，操作上更為方便。

‖配方B‖

材料	烘焙比(%)	重量(g)
綠豆沙胚	100	480
綿白糖	45.5	220
奶油	18.2	100
鹽	0.22	1
蛋	31.9	155
起司粉	5.5	26
椰粉	45.5	220
糕粉	5	24
合計	251.82	1226

‖製作程序‖

● 備料

　綠豆沙胚製法請參照本書 P.75。

● 攪拌

1 將糖、奶油、鹽與綠豆沙胚全部攪拌均匀。

2 將蛋分三次加入攪拌均匀，不必打發。

3 將起司粉、椰粉、糕粉混合過篩，加入拌匀。

4 將材料放入炒鍋中以大火炒煉，待濃稠時轉中火，最後改小火，經測試若不黏手即成。

● 冷卻

　迅速將炒好的餡料倒入不鏽鋼盤中，攤平冷卻後即完成。

椰粉的選材

　椰粉，又稱「椰蓉」，乃是刮取完全成熟的新鮮椰肉，在去除椰棕皮、加以清洗、刨絲並經乾燥後，製成的鬆散顆粒狀的白色粗粉。品質佳的椰粉應具有濃郁的椰子香氣，粗細度均匀、無結塊，目前以椰粉或椰絲為使用最大宗。

{綠茶餡}

▌配方 A ▌

材料	烘焙比(%)	重量(g)
白豆沙餡	100	600
水	30	180
細砂糖	66	396
鹽	0.33	2
綠茶粉（抹茶粉）	0.83	5
合計	197.16	1183

廣式綠茶餡

若希望改成廣式綠茶餡，則將細砂糖分量加至330g（55%），炒時再加150g（25%）的油脂（白油、花生油、豬油或奶油）即可。

▌製作程序 ▌

● 備料

白豆沙胚製法請參照本書 P.76。

● 攪拌

1 將白豆沙胚與 2/3 水、2/3 細砂糖、鹽一起放入鍋中，以大火炒至濃稠。

2 將剩餘 1/3 的水與綠茶粉、1/3 細砂糖調勻後，加入鍋中以小火拌炒。

3 炒至餡料測溫 112°C 時即熄火。

● 冷卻

迅速將炒好的餡料倒入不鏽鋼盤中，攤平冷卻後即完成。

炒餡秘笈・貳

● 終點判斷

炒餡到何時才能熄火，也就是所謂的到達終點，是整個炒餡過程中最需要經驗判斷的重要程序，除了直接調配混拌、不需加熱的餡料以外，都必須準確判斷炒餡終點。

炒煉過程中，在餡料收乾濃稠難炒時，便需要經常測溫，以確認餡料溫度不足或已達到指定溫度，才能精準判定炒餡是否完成。若無糖度計測終點糖度，一般有經驗的炒餡師傅，會在炒餡接近終點時，拿取少許餡料在大不鏽鋼平盤上，並快速用鏟子抹平餡料以利降溫冷卻，片刻待涼後用手掌搓起餡料，迅速用雙手拉開來做為測試（見 P.51），只要餡料不黏手且拉開後尖端不軟綿下垂，即表示餡料濃稠度已炒至恰到好處。炒餡至終點並取出攤平，其軟硬度應以如耳垂般為最佳，否則均屬失敗。

此法到目前還是最常被使用的判斷標準，但如果是專門生產餡料的廠家，無論用何種方法判斷炒餡終點，最終品管還是必須用糖度計來測量每一批餡料糖度，才能達到品質標準化。

● 水分過多的餡料如何補救

月餅在烘烤後若餅面凹下，即表示炒好的餡料中還含有很多水分，必須將餡料回鍋並加入少許水，再次炒到濃稠並重新確認炒餡終點，或炒到 112°C 再熄火即可改善。

{桂圓・牛奶・芋泥豆沙餡}

‖ 桂圓豆沙餡配方 ‖

材料	烘焙比(%)	重量(g)
白豆沙餡	100	300
桂圓肉	20	60
水	10	30
米酒	1.6	5
麥芽糖	20	60
合計	206.6	620

‖ 牛奶豆沙餡配方 ‖

材料	烘焙比(%)	重量(g)
白豆沙餡	100	500
水	40	200
煉乳	8	40
奶粉	6	30
麥芽糖	10	50
合計	214	1070

‖ 芋泥豆沙餡配方 ‖

材料	烘焙比(%)	重量(g)
白豆沙餡	100	320
水	140.5	450
芋泥	56.2	180
細砂糖	28	90
明礬（浸泡芋頭防止變色）	0.3	1
合計	325	1041

‖ 製作程序 ‖

● 備料

- 白豆沙餡製法請參照本書 P.76。
- 桂圓餡之桂圓浸泡於米酒 1～2 小時之後，取出切丁。
- 芋泥餡之芋泥採用紫心芋，去皮後切片，浸泡在明礬水中，再取出蒸熟壓成泥，取 180g 備用。

● 炒煉

1 桂圓豆沙餡

白豆沙餡放入鍋中，加水以大火炒到起小泡時，改小火並加入桂圓肉、米酒及麥芽糖炒至濃稠，測溫達 110℃ 即熄火，倒出攤平冷卻。

◀麥芽糖應先隔水加熱融化並持續保溫，再加入餡料中。

2 牛奶豆沙餡

白豆沙餡放入鍋中，加水、奶粉以大火炒到起小泡時，改小火並加入煉乳及麥芽糖炒至濃稠，測溫達 110℃ 即熄火，倒出攤平冷卻。

3 芋泥豆沙餡

白豆沙餡放入鍋中，加水以大火炒到起小泡時，改小火加入芋泥及細砂糖炒至糖完全溶解，續炒至測溫達 110℃ 即熄火，倒出攤平冷卻。

> ### 麥芽糖用於製餡的優點
>
> 糖分要能與豆類澱粉充分複合或嵌入為佳，亦即炒餡要中小火慢炒，生餡脫水不能太乾，蔗糖與澱粉才能在炒餡時慢慢轉化與糖複合。其中以老式大麥芽糖在高溫安定（近似澱粉構造），可抑制澱粉老化變硬或離水並延長保存性等，效果最佳。所以只要預先將麥芽糖加熱，轉化成高溫安定的 A 型麥芽糖，最能發揮防腐、防黴之效果。

｛鳳梨醬 ｜ 奶油冬蓉醬｝

‖ 配方 ‖

材料	烘焙比(%)	重量(g)
新鮮鳳梨果肉（去皮）	100	500
細砂糖	55	275
奶油（酥油或白油）	25	125
糕粉（蒸熟麵粉）	10	50
合計	190	950

‖ 製作程序 ‖

● 炒煉

1 新鮮鳳梨去皮後，取下果肉切碎（500g），與細砂糖一起放入鍋中，以大火炒至糖溶化。

2 待鍋內水泡由大變小、果泥變濃稠時，改中火加入奶油慢炒，雙手需戴手套以防燙傷。

3 至餡料黏稠時，改小火並徐徐加入 2/3 的糕粉，續炒至濃稠。

◀當鳳梨果肉炒至如圖般濃稠、攪拌可看見鍋底時，即可加入糕粉拌勻。

4 待部分餡料不會黏鍋時，取少許置於盤中，用手試捏，若不黏手時即可熄火倒出準備冷卻。

5 若仍會黏手，則繼續加入糕粉，直到炒至測試成功為止。

● 冷卻

迅速將炒好的餡料倒入不鏽鋼盤中，攤平冷卻後即完成。

‖ 重點 ‖

糕粉切勿一次就加完，否則不僅不容易炒散，也會使餡料過於黏稠，容易焦底而失敗。

‖ 配方 ‖

材料	烘焙比(%)	重量(g)
含糖冬瓜蓉	100	500
鳳梨醬	27	135
奶油	17	85
生花生油	17	85
熟麵粉	23	115
糕粉	13	65
鳳梨香精	0.13	0.65
合計	197.13	984.65

‖ 製作程序 ‖

● 備料

鳳梨醬製法請參照左文。

● 攪拌

1 將糕粉以外的材料全部都混合拌勻，鬆弛靜置 30 分鐘。

2 加入 90% 的糕粉後，測試餡料軟硬度是否適中，保留 10% 作為調節之用。

3 鬆弛 3 小時後，直接冷藏保存即可。

‖ 重點 ‖

此配方中糕粉用量已減少至 13.3%，只要糕粉對主成分不超過 15%，製作上的問題就會減少，月餅在烘烤時失敗的機率也會降低。

｛烏豆沙蛋黃月餅｝

規格	餅模＝125g	數量＝20 個	材料總重＝2500g
	皮餡比＝1：1.5	皮：餡＋鹹蛋黃＝50g：65g＋10g	

‖ 配方 ‖

餅皮　　　　　　　　　　　　　　　　　　　50g／個

材料	烘焙比(%)	重量(g)
低筋麵粉	100	500
白油	15	75
酥油	15	75
奶粉	6	30
糖粉	45	225
鹽	1	5
蛋（可視麵團軟硬度調節）	20（～25）	100（～125）
小蘇打	0.5	2.5
合計	202.5	1012.5

餅餡　　　　　　　　　　　　　　　　　　　75g／個

材料	烘焙比(%)	重量(g)
烏豆沙	100	1300
鹹蛋黃	15.4	200（20 個）
合計	115.4	1500

製作流程

- **準備**
  秤料・烤箱預熱・預烤鹹蛋黃
  粉類過篩・準備手粉、蛋水、餅模
- **攪拌**
  油脂、奶粉、糖粉、鹽拌勻→加蛋拌勻
  →加小蘇打拌勻→加 1/3 麵粉打發
  →移至工作檯加 2/3 麵粉拌勻
- **鬆弛**　　　　　　　　　　　　　　　30 分
- **分割**
  餅皮 50g・烏豆沙餡 65g
- **包餡**
- **入模整形**
- **脫模**
  刷去餘粉並噴霧水
- **烤焙**
  上火 175℃／下火 190℃烤至上色　　10 ～ 12 分
- **出爐**
  刷 2 次蛋水
- **烤焙**
  回爐上火 200℃／下火 150℃烤至金黃　10 ～ 15 分

‖ 製作程序 ‖

●攪拌

1 將白油、酥油、奶粉、糖粉、鹽一起放入鋼盆中以打蛋器打發後，再慢慢加入蛋拌勻。

2 接著加入小蘇打攪拌均勻，再加入 1/3 的低筋麵粉拌勻。

3 將剩餘 2/3 的低筋麵粉置於工作檯上築成粉牆，再將攪拌均勻的 2 加入，用刮板由下往上翻拌至麵團柔軟光滑。

●鬆弛

蓋上保鮮膜，靜置 30 分鐘，使麵筋鬆弛，以方便後續的擀皮操作。

●分割

在雙手及工作檯上撒少許手粉，將麵團取出搓成長條狀後，依配方秤重進行分割，餡料亦依配方秤重分割好，即可準備包餡。

‖ 操作要訣 ‖

●包餡

　　將餅皮用手壓扁或擀開，包入烏豆沙餡，待收口至一半時用手指在餡料中央戳出凹洞，塞入烤好鹹蛋黃，再收口捏緊即完成。或亦可將分割好的烏豆沙餡先包入鹹蛋黃搓圓，再進行餅皮包餡。

●入模與整形

　　整形時為防麵團沾黏，可在工作檯上及手上撒少許高筋麵粉作為手粉。入模前餅模一定要撒高筋麵粉，以免壓模後麵團沾黏而無法扣出。另入模壓平麵團的力道要平均，才能印出清晰美麗的餅紋。

●脫模

　　脫模方式同本書 P.43 所述敲扣三次。月餅重量愈小，敲扣時力道則要愈大，但須小心用力過猛以免使月餅變形。

●烤焙

　　烤焙前月餅要先刷除餘粉再噴霧水使其濕潤。此外台式糕皮月餅烤焙時分二個階段：先烤至微上色時即要取出刷兩次蛋水，目的在於使上色更均勻，毛刷沾附的蛋水亦不能過多或過少，應將毛刷壓濾除多餘蛋汁（如下圖），以免影響著色情形。刷完蛋水後再入爐烤焙時，必須將上火降溫，以免烤後著色過深，月餅烤至金黃即可出爐。

{牛奶豆沙月餅}

規格	餅模＝125g	數量＝20 個	材料總重＝2500g
	皮餡比＝1：1.5	皮：餡＋鹹蛋黃＝50g：65g＋10g	

‖配方‖

餅皮　　　　　　　　　　　　　　　　　　50g／個

材料	烘焙比(%)	重量(g)
低筋麵粉	100	460
奶油	26.2	120
糖粉	28.5	131
奶粉	4.8	22
起司粉	7.14	33
轉化糖漿（或西式麥芽糖漿）	23.8	110
蛋	28.6	132
鹽	0.6	2.7
小蘇打	0.6	2.7
泡打粉	0.4	1.8
合計	220.64	1015.2

餅餡　　　　　　　　　　　　　　　　　　75g／個

材料	烘焙比(%)	重量(g)
● A		
白豆沙餡	100	800
水	40	320
奶粉	6	48
煉乳	8	64
麥芽糖	10	80
● B		
鹹蛋黃	25	200（20 個）
合計	189	1512

製作流程

● **準備**
秤料・烤箱預熱・預烤鹹蛋黃
粉類過篩・準備手粉、蛋水、餅模

● **攪拌**
奶油、糖粉、奶粉、起司粉拌勻→加糖漿拌勻
→加蛋、鹽拌勻→移至工作檯加粉類揉勻

● **鬆弛**　　　　　　　　　　　　　　　30 分

● **分割**
餅皮 50g・牛奶豆沙餡 65g

● **包餡**

● **入模整形**

● **脫模**
刷去餘粉並噴霧水

● **烤焙**
上火 175℃／下火 190℃ 烤至上色　　10〜12 分

● **出爐**
刷 2 次蛋水

● **烤焙**
回爐上火 200℃／下火 150℃ 烤至金黃　10〜15 分

‖餅餡製作‖

牛奶豆沙餡製法請參照本書 P.79。

‖餅皮製作‖

●攪拌

1 將奶油、糖粉、奶粉、起司粉一起放入鋼盆中以打蛋器攪拌均勻（不可打發）。

2 接著將糖漿分次加入拌勻，再分次加入蛋液、鹽攪拌均勻（不可打發）。

3 麵粉、小蘇打、泡打粉混合過篩築成粉牆，倒入拌勻的 2，用刮板由下往上翻拌至麵團均勻。

●鬆弛

蓋上保鮮膜靜置 30 分鐘，使麵筋鬆弛，以方便後續的擀皮操作。

●分割

在雙手及工作檯上撒少許手粉，將麵團取出搓成長條狀後，依配方秤重進行分割，餡料亦依配方秤重分割好，即可準備包餡。

‖ 操作要訣 ‖

●包餡

將餅皮用手壓扁或擀開，包入牛奶豆沙餡，待收口至一半時用手指在餡料中央戳出凹洞，塞入烤好鹹蛋黃，再收口捏緊即完成。或亦可將分割好的牛奶豆沙餡先包入鹹蛋黃搓圓，再進行餅皮包餡。

●入模與整形

整形時為防麵團沾黏，可在工作檯及手上撒少許麵粉作為手粉。入模前餅模一定要撒麵粉（如下圖），以免壓模後麵團沾黏而無法扣出。另入模壓平麵團的力道要平均，才能印出清晰美麗的餅紋。

●脫模

脫模方式同本書 P.43 所述敲扣三次。月餅重量愈小，敲扣時力道則要愈大，但須小心用力過猛以免使月餅變形。

●烤焙

烤焙前月餅要先刷除餘粉再噴霧水使其濕潤。此外台式糕皮月餅烤焙分二個階段：先烤至微上色時即要取出刷兩次蛋水，目的在於使上色更均勻，毛刷沾附的蛋水亦不能過多或過少，應將毛刷壓濾除多餘蛋汁，以免影響著色情形。刷完蛋水後再入爐烤時，必須將上火降溫，以免烤後著色過深。月餅烤至金黃即可出爐。

{台式蓮蓉蛋黃月餅}

規格	餅模＝60g	數量＝20個	材料總重＝1200g
	皮餡比＝1：3	皮：餡＋鹹蛋黃＝15g：35g＋10g	

▌配方▌

餅皮　　　　　　　　　　　　　　　　15g／個

材料	烘焙比(%)	重量(g)
低筋麵粉	100	140
奶油	28.6	40
糖粉	38	53
奶粉	9.5	13
麥芽糖	14.3	20
蛋	28.6	40
鹽	1.4	2
合計	220.4	308

餅餡　　　　　　　　　　　　　　　　45g／個

材料	烘焙比(%)	重量(g)
蓮蓉餡	100	600
松子仁	16.7	100
鹹蛋黃	33.3	200（20個）
合計	150	900

製作流程

- **準備**
  秤料・烤箱預熱・預烤鹹蛋黃、松子仁
  粉類過篩・準備手粉、蛋水、餅模
- **攪拌**
  奶油、糖粉拌勻→加奶粉、麥芽糖拌勻
  →加蛋拌勻→加鹽拌勻
  →移至工作檯加麵粉揉勻
- **鬆弛**　　　　　　　　　　　　　　　30分
- **攪拌（準備餡料）**
  將餅餡材料的蓮蓉餡與松子仁拌勻
- **分割**
  餅皮15g・蓮蓉餡35g
- **包餡**
- **入模整形**
- **脫模**
  刷去餘粉並噴霧水
- **烤焙**
  上火200℃／下火150℃烤至上色　　5～7分
- **出爐**
  刷2次蛋水
- **烤焙**
  回爐上火175℃／下火175℃烤至金黃　10～15分

▌製作程序▌

●攪拌

1 將奶油、糖粉放入鋼盆中以打蛋器攪拌均勻，再
　加入奶粉、麥芽糖拌勻（不可打發）。

2 接著將蛋液分次加入拌勻，再加入鹽攪拌均勻
　（不可打發）。

3 麵粉過篩後築成粉牆，倒入拌勻的2，用刮板由
　下往上翻拌至麵團均勻光滑。

●鬆弛

　蓋上保鮮膜，靜置30分鐘，使麵筋鬆弛，以方
便後續的擀皮操作。

●準備餡料

　將餡料中的蓮蓉餡與烤好松子仁拌勻後，依配方
秤重分割好，鹹蛋黃預烤。

●分割

　在手上及工作檯上撒
少許的手粉，將麵團取
出搓成長條狀後，再依
配方秤重進行分割，即
可準備包餡。

‖ 操作要訣 ‖

●包餡

　　將餅皮用手壓扁或擀開，包入蓮蓉餡，待收口至一半時用手指在餡料中央戳出凹洞，塞入烤好鹹蛋黃，再收口捏緊即完成。或亦可將分割好的蓮蓉餡先包入鹹蛋黃搓圓，再進行餅皮包餡。

●入模與整形

　　整形時為防麵團沾黏，可在工作檯上及手上撒少許高筋麵粉作為手粉。入模前餅模一定要撒高筋麵粉，以免壓模後麵團沾黏而無法扣出。另入模壓平麵團的力道要平均，才能印出清晰美麗的餅紋。

●脫模

　　脫模方式同本書 P.43 所述敲扣三次。月餅重量愈小，敲扣時力道則要愈大，但須小心用力過猛以免使月餅變形。

●烤焙

　　烤焙前月餅要先刷除餘粉再噴霧水使其濕潤。此外台式糕皮月餅烤焙分二個階段：先烤至微上色時即要取出刷兩次蛋水，目的在於使上色更均勻，毛刷沾附的蛋水亦不能過多或過少，應將毛刷壓瀝除多餘蛋汁，以免影響著色情形。刷完蛋水後再入爐烤時，必須將上火降溫，以免烤後著色過深。月餅烤至金黃即可出爐。

{龍鳳喜餅}

規格	餅模＝450g	數量＝20 個	材料總重＝9000g
	皮餡比＝1：2	皮：餡＋鹹蛋黃＝150g：280g＋20g	

‖配方‖

餅皮　　　　　　　　　　　　　　　　　150g／個

材料	烘焙比(%)	重量(g)
低筋麵粉	100	1900
白油	10	190
糖粉	18	340
蛋	26	495
奶粉	4.5	75
小蘇打	0.45	8.5
碳酸阿摩尼亞（氨粉）	0.21	4
合計	158.66	3012.5

餅餡　　　　　　　　　　　　　　　　　300g／個

Ⓐ烏豆沙蛋黃餡

材料	烘焙比(%)	重量(g)
烏豆沙	100	5600
鹹蛋黃	7.1	400（40 個）
合計	107.1	6000

Ⓑ鳳梨冬瓜醬

材料	烘焙比(%)	重量(g)
鳳梨冬瓜醬	100	6000
合計	100	6000

製作流程

- **準備**
  秤料・烤箱預熱・預烤鹹蛋黃
  粉類過篩・準備手粉、蛋水、餅模
- **攪拌**
  白油、糖粉拌勻→加蛋拌勻
  →奶粉、小蘇打、碳酸阿摩尼亞拌勻
  →加 1/3 麵粉拌勻→移至工作檯加 2/3 麵粉揉勻
- **鬆弛**　　　　　　　　　　　　　　　　30 分
- **分割**
  餅皮 150g・烏豆沙餡 280g 或鳳梨冬瓜醬 300g
- **包餡**
- **入模整形**
- **脫模**
  刷去餘粉並噴水
- **烤焙**
  上火 250℃／下火 200℃烤至上色　　　8〜10 分
- **出爐**
  刷 2 次蛋水
- **烤焙**
  回爐上火 250℃／下火 200℃烤至金黃　15〜22 分

‖製作程序‖

●攪拌

1 將白油、糖粉放入鋼盆中以打蛋器攪拌均勻，再將蛋液分次加入拌勻（不可打發）。

2 接著加入奶粉、小蘇打、碳酸阿摩尼亞拌勻，再加入 1/3 低筋麵粉拌勻（不可打發）。

3 剩餘 2/3 麵粉築成粉牆，倒入拌勻的 2，用刮板由下往上翻拌至麵團均勻光滑。

●鬆弛

蓋上保鮮膜靜置 30 分鐘，使麵筋鬆弛，以方便後續的擀皮操作。

●分割

在雙手及工作檯上撒少許手粉，將麵團取出搓成長條狀後，依配方秤重進行分割，餡料亦依配方分割好，即可準備包餡。

▎操作要訣▎

●包餡

　　將餅皮用手壓扁或擀開，包入烏豆沙餡，待收口至一半時用手指在餡料中央戳出凹洞，塞入2顆烤好鹹蛋黃，再收口捏緊即完成。或亦可將分割好的烏豆沙餡先包入鹹蛋黃搓圓，再進行餅皮包餡。

●入模與整形

　　整形時為防麵團沾黏，可在工作檯上及手上撒少許高筋麵粉作為手粉。入模前餅模一定要撒高筋麵粉，以免壓模後麵團沾黏而無法扣出。另入模壓平麵團的力道要平均，才能印出清晰美麗的餅紋。

●脫模

　　脫模方式同本書P.43所述敲扣三次。月餅重量愈小，敲扣時力道則要愈大，但須小心用力過猛以免使月餅變形。

●烤焙

　　烤焙前月餅要先刷除餘粉再噴霧水使其濕潤。此外台式糕皮月餅烤焙時分二個階段：先烤至微上色時即要取出刷兩次蛋水，目的在於使上色更均勻，毛刷沾附的蛋水亦不能過多或過少，應將毛刷壓濾除多餘蛋汁，以免影響著色情形。刷完蛋水後再入爐烤焙時，必須將上火降溫，以免烤後著色過深，月餅烤至金黃即可出爐。

{ 台式喜餅 }

規格	餅模＝450g 皮餡比＝1：2	數量＝20個 皮：餡＝150g：300g	材料總重＝9000g

‖ 配方 ‖

餅皮   150g／個

材料	烘焙比(%)	重量(g)
中筋麵粉	100	1345
白油	17	230
酥油	33	443
糖粉	20	270
蛋	20	270
奶粉	13	175
起司粉	7	95
水	13	175
合計	223	3003

餅餡   300g／個

材料	烘焙比(%)	重量(g)
酥油	67	485
奶油	200	1445
糖粉	200	1445
蛋	80	580
桔餅	20	145
冬瓜糖	40	290
白芝麻	26.5	192
葡萄乾	13	95
烤熟鹹蛋黃	11	80
低筋麵粉	100	725
奶粉	20	145
起司粉	20	145
蛋糕屑（或餅乾屑）	33.5	240
合計	831	6012
外沾白芝麻		180g

‖ 製作流程 ‖

- **準備**
  餅皮、餅餡秤量備料・烤箱預熱
  預烤鹹蛋黃、白芝麻・粉類過篩
  準備手粉、蛋水、外沾芝麻、餅模
  〔餡料製作〕
- **攪拌**
  〔餅皮製作〕
- **攪拌**
- **鬆弛**   30～60分
- **分割**
  餅皮 150g・餅餡 300g
- **包餡**
- **整形**
- **沾白芝麻**
- **烤焙**
  上火 230℃／下火 200℃烤至金黃色   25～30分

‖ 餅餡製作 ‖

● 備料

- 將鹹蛋黃烤熟後切碎（預烤方式請參照 P.47）。
- 將白芝麻（含外沾用分量）放入烤箱中以上／下火 150℃烤至有爆裂聲即取出。
- 取餅餡配方中 1/10 量的烤熟白芝麻，用擀麵棍擀碎備用。
- 金桔餅、冬瓜糖、葡萄乾均切碎備用。

● 攪拌

1 餡料配方中的酥油及奶油在室溫下回軟，放入鋼盆中加入糖粉以打蛋器打發。

2 分次加入蛋液拌勻後，再加入桔餅、冬瓜糖、白芝麻、葡萄乾與切碎鹹蛋黃拌至均勻。

3 將篩好之低筋麵粉、奶粉、起司粉以及蛋糕屑加入以橡皮刮刀拌勻成麵團，即為餅餡。

‖ 餅皮製作 ‖

● 攪拌

1 將白油、酥油、糖粉放入鋼盆中以打蛋器打發，
　再分次加入蛋液拌勻。

2 加入篩好的中筋麵粉、奶粉與起司粉攪拌均勻
　後，再加水拌勻。

3 將2移至工作檯上，用刮板拌壓成光滑麵團。

● 鬆弛

　蓋上保鮮膜，靜置30～60分鐘，使麵筋鬆弛，
以方便後續的擀皮操作。

● 分割

　在雙手及工作檯上撒少許手粉，將麵團取出搓成
長條狀後，依配方秤重進行分割，餡料亦依配方分
割好，即可準備包餡。

‖ 操作要訣 ‖

● 包餡

　將餅皮擀成中央厚、四周薄的圓片較好操作，

包入餡料後，即以推壓麵皮的方式慢慢收口完成。
包餡技術較不熟練者，收口時可將麵團翻轉過來使
收口朝下，同樣以推壓的方式使麵皮往下延展，即
將收口時再翻回正面收口捏緊即可。

● 整形

　將包餡完成的麵團以手掌略壓平，再擀成厚約
1cm的圓形麵團，刷去表面餘粉再刷上蛋水。

● 沾白芝麻

　另將烤熟的外沾白芝麻置於平盤中，烤盤抹油。
利用刮板將麵團表面朝下放入盤中，沾滿白芝麻後
再翻面移至烤盤上，收口朝下、沾芝麻面朝上。

● 烤焙

　入爐以上火230°C、下火200°C，烤約25～30
分鐘至金黃色即可。

{蛋黃酥}

規格	數量＝65g × 20個	材料總重＝1300g	皮餡比＝1：1.17
	皮：餡＋鹹蛋黃＝30g：20g＋15g		水皮：油皮＝1：1＝15g：15g

‖ 配方 ‖

餅皮
30g / 個

水皮材料	烘焙比(%)	重量(g)
中筋麵粉	66 ⎫100	100
低筋麵粉	34 ⎭	50
糖粉	20	30
酥油	40	60
水	46.5	70
合計	206.5	310

油皮材料	烘焙比(%)	重量(g)
低筋麵粉	100	200
酥油	50	100
合計	150	300

餅餡
35g / 個

油皮材料	烘焙比(%)	重量(g)
豆沙餡	100	400
鹹蛋黃	75	300（20個）
合計	175	700

製作流程

- ● 準備
  - 秤料・烤箱預熱・預烤鹹蛋黃
  - 粉類過篩・準備手粉、蛋水、黑芝麻
  - 〔水皮製作〕
- ● 攪拌
- ● 鬆弛　　　　　　　　　　　　15 〜 30 分
  - 〔油皮製作〕
- ● 攪拌
- ● 鬆弛　　　　　　　　　　　　30 分
- ● 分割
  - 水皮 15g・油皮 15 g
  - 〔水皮包油皮〕
- ● 收口
  - 〔整形〕
- ● 第 1 次擀捲 & 鬆弛　　　　　鬆弛 15 分
- ● 第 2 次擀捲 & 鬆弛　　　　　鬆弛 15 分
- ● 分割餡料
  - 豆沙餡 27g
- ● 包餡
- ● 烤焙
  - 上火 210℃、下火 180℃ 烤至金黃　　15 〜 20 分

‖ 餅皮製作 ‖

水皮麵團

● 攪拌

糖粉與酥油加入鋼盆中混合均勻，再將中筋與低筋麵粉混合篩入稍拌，接著將水分次加入拌勻，以調整水皮麵團之軟硬度，待不黏缸、如耳垂般柔軟時，即可滾圓準備鬆弛。

● 鬆弛

將麵團蓋上保鮮膜，鬆弛 15 〜 30 分鐘。

油皮麵團

● 攪拌

將低筋麵粉與酥油混合揉勻成酥泥麵團，操作時要迅速，以免手溫使油脂融化。

● 鬆弛

將麵團蓋上保鮮膜，鬆弛 30 分鐘。

● 水皮、油皮分割

取出鬆弛後的水皮麵團與油皮麵團，各依配方秤重分割成小塊。

●水皮包油皮

　水皮麵團用手壓扁，將油皮放在水皮中央，接著以拇指壓住油皮，利用虎口將水皮往上推擠收口，油皮務必不能露出，否則成品烤後層次會不明顯。

整形

●第一次擀捲&鬆弛

　將包好的水油皮麵團壓扁後迅速擀成長橢圓形，接著由外往內捲成長筒狀後，蓋上保鮮膜鬆弛15分鐘。

●第二次擀捲&鬆弛

　將第一次捲好的麵團收口朝上垂直擺放，以手掌略壓平後再次擀平，同上述方式由外向內捲起，

蓋上保鮮膜後再次鬆弛15分鐘。

●分割餡料

　趁麵團鬆弛之時，將綠豆沙餡秤重分割備用。

‖ 操作要訣 ‖

●擀皮

　麵團橫放，用手指往中央壓下，再用兩指捏合兩側麵團，再次壓平擀成中央厚、四周薄之圓片。

●整形

　包入分割好的餡料，待收口至一半時，塞入烤好鹹蛋黃再續將收口完成，收口不必完全捏緊，以免烤時爆裂。

●烤焙

　收口朝下排入烤盤，表面先刷兩次蛋水，頂端撒上少許黑芝麻，即可入烤箱以上火210℃、下火180℃烤15～20分鐘至表面金黃即可。

｛綠豆凸｝

| 規格 | 數量＝115g × 20 個 | 材料總重＝2300g | 皮餡比＝1：1.88 |
| | 皮：餡＝40g：75g | 水皮：油皮＝1：1＝20g：20g | |

‖ 配方 ‖

餅皮　　　　　　　　　　　　　　　　40g／個

　　請將本書 P.92 蛋黃酥之餅皮配方乘以 1.3 ～ 1.5
倍製作。

餅餡（配方 A）　　　　　　　　　　　75g／個

材料	烘焙比(%)	重量(g)
● 主餡		
綠豆沙餡	100	870
● 配餡		
瘦肉	50	435
肥肉	8.4	73
大蒜	3.3	28
味精	0.3	2.6
白胡椒粉	0.67	5.8
細砂糖	0.67	5.8
油蔥酥	2	17
白芝麻	0.7	6
醬油	3.3	29
黑胡椒醬	3.3	29
合計	172.6	1501.2

餅餡（配方 B）　　　　　　　　　　　75g／個

材料	烘焙比(%)	重量(g)
● 主餡		
綠豆沙餡	100	1024
● 配餡		
滷肉乾	5	62
麻油	5	62
鹽	0.5	6.2
白油（或豬油）	3.34	41.5
細砂糖	0.5	6.2
油蔥酥	3.33	41.5
白芝麻	0.7	8.7
醬油	3.33	41.5
合計	121.7	1509.6

製作流程

● 準備
　秤料・烤箱預熱・粉類過篩
　準備手粉、蛋水、食用紅色色素
● 肉餡炒製
● 分割綠豆沙餡
● 綠豆沙包配餡
〔水皮製作〕
● 攪拌
● 鬆弛　　　　　　　　　　　　30 ～ 60 分
〔油皮製作〕
● 攪拌
● 鬆弛
● 分割
　水皮 20g・油皮 20g
〔水皮包油皮〕
● 收口
〔整形〕
● 第 1 次擀捲＆鬆弛　　　　　　　鬆弛 15 分
● 第 2 次擀捲＆鬆弛　　　　　　　鬆弛 15 分
● 包餡
● 整形＆蓋印
● 烤焙
　上火 170℃、下火 190℃烤至金黃　　25 分

‖ 餡料製作 ‖ ⋯⋯⋯⋯⋯⋯⋯⋯　配方 A

1 將配餡中的瘦肉、肥肉剁成小丁，大蒜切末。

2 將肥肉和瘦肉放入鍋中炒至熟香出油（不需油
　炸），即取出瀝除油分。

3 利用鍋中餘油爆香大蒜，再加入炒好之瘦、肥
　肉，加入調味料拌勻，炒至乾香。

4 將綠豆沙餡依配方秤重分割好，整形成中央凹的
　形狀，包入 1 大匙炒好的肉餡，再收口捏緊，綠
　豆凸餡料即完成。

▌餡料製作 ▌ ⋯⋯⋯⋯⋯⋯⋯⋯ 配方 B

滷肉乾切碎，將主餡綠豆沙與所有配餡材料混合攪拌均勻即可。此配方操作簡單，只要將瘦肉滷好，炒稍乾移放烤箱 100°C 烤 1 小時，即成滷肉乾，不易壞且風味更佳。

▌餅皮製作 ▌

水皮、油皮麵團之配方與製作方式請參照 P.92 之蛋黃酥。

▌操作要訣 ▌

●擀皮

將麵團橫放，用手指往中央壓下後，再用兩指捏合兩側麵團，再次壓平麵團成為圓麵皮，即將之擀成中央厚、四周薄之圓片。

●包餡

麵皮包入豆沙肉餡，用虎口捏緊收口 (右上圖)。

●烤焙

收口朝下墊烤焙紙，排入烤盤，以掌根將麵團壓成略凹後，綠豆凸橡皮章沾少許食用紅色色素，於餅皮中央蓋印，即可入爐以上火 170°C、下火 190°C 烤約 25 分鐘即可。

▌重點 ▌

1 配餡可隨讀者喜愛調製，烘焙百分比可在 20～50% 之間自由調整。

2 五花肉需用刀切剁，滷製後的滷肉風味才會特別美味。

3 印章要用橡皮章，若用木章則要先蓋印再壓凹，否則字跡會不清晰。

{ 冰沙月餅 }

規格	數量＝ 60g × 20 個	材料總重＝ 1200g	
	皮餡比＝ 1：3	皮：餡＝ 15g：45g	水皮：油皮＝ 1：1 ＝ 7.5g：7.5g

‖ 配方 ‖

餅皮

15g／個

水皮材料	烘焙比(%)	重量(g)
低筋麵粉	80	61
高筋麵粉	20	15
糖粉	20	15
豬油	40	30
益麵劑	1.5	1
水	37	28
合計	198.5	150

油皮材料	烘焙比(%)	重量(g)
低筋麵粉	100	103
豬油	45	47
合計	145	150

餅餡

45g／個

材料	烘焙比(%)	重量(g)
白豆沙餡	100	810
綠豆沙餡	11	90
合計	111	900

製作流程

製作流程	
準備	
秤料・烤箱預熱・粉類過篩・烤盤抹油	
準備手粉、圓模	
餡料製作	
分割豆沙餡	
〔水皮製作〕	
攪拌	
鬆弛	15 ～ 30 分
〔油皮製作〕	
攪拌	
鬆弛	30 分
分割	
水皮 15g・油皮 15 g	
〔水皮包油皮〕	
收口	
〔整形〕	
第 1 次擀捲＆鬆弛	鬆弛 15 分
第 2 次擀捲＆鬆弛	鬆弛 15 分
包餡	
整形＆蓋印	
烤焙（兩面煎）	35 分
上火 180℃、下火 200℃烤至底部金黃	20 分
翻面續烤至餅皮邊緣酥硬微上色	10 ～ 15 分

‖ 餅皮製作 ‖

水皮麵團

●攪拌

糖粉與酥油加入鋼盆中混合均勻，再將中筋與低筋麵粉混合篩入稍拌，接著將水分次加入拌勻，以調整水皮麵團之軟硬度，待不黏缸、如耳垂般柔軟時，即可滾圓準備鬆弛。

●鬆弛

將麵團蓋上保鮮膜，鬆弛 15 ～ 30 分鐘。

油皮麵團

●攪拌

將低筋麵粉與酥油混合揉勻成酥泥麵團，操作時要迅速，以免手溫使油脂融化。

●鬆弛

將麵團蓋上保鮮膜，鬆弛 30 分鐘。

●水皮、油皮分割

將水皮麵團與油皮麵團各依配方秤重分割完成。

●水皮包油皮

　　水皮麵團用手壓扁，將油皮放在水皮中央，接著以拇指壓住油皮，利用虎口將水皮往上推擠收口，油皮務必不能露出，否則成品烤後層次會不明顯。

整形

●第一次擀捲&鬆弛

　　將包好的水油皮麵團壓扁後迅速擀成長橢圓形，接著由外往內捲成長筒狀後，蓋上保鮮膜鬆弛15分鐘。

●第二次擀捲&鬆弛

　　將第一次捲好的麵團收口朝上垂直擺放，以手掌略壓平後再次擀平，同上述方式由外向內捲起，蓋上保鮮膜後再次鬆弛15分鐘。

●分割餡料

　　趁麵團鬆弛之時，將豆沙餡秤重分割備用。

▌餡料製作▌

　　將白豆沙餡與綠豆沙餡混合拌勻即成。

▌操作要訣▌

●整形

　　包入分割好的餡料，利用虎口收口完成捏緊後，將麵團放入鋼圈中以掌根壓平，使餅面略凹，即可排入烤盤（收口朝下）。

●烤焙

　　入烤箱以上火180℃、下火200℃烤約20分鐘至底部著色金黃後，再翻面續烤約10～15分鐘，至餅皮邊緣酥硬、微上色即可。

綠豆凸製作祕笈

　　依本配方與製作程序所製作之綠豆凸，其最大特點乃在於烘烤後之餅皮表面層次不會裂開，餅皮表面相當完整平滑，與一般市售之綠豆凸相較實為美觀許多。此乃是因為水皮麵團在第二次攪拌時攪打出麵筋，才能使餅皮在烘烤後仍能完整地包覆整個餅身，延展性極佳。

‖ 餅皮配方 ‖

水皮材料	烘焙比(%)
中筋粉心麵粉	100
糖粉	4
豬油（或無鹽奶油）	40
益麵劑	1.5
水	35
合計	180.5

油皮材料	烘焙比(%)
低筋麵粉	100
豬油（或無鹽奶油）	50
合計	150

● 餅皮製作

〔水皮製作〕

1　將 1/2 水量倒入攪拌缸中，接著將中筋麵粉過篩兩次後加入，攪拌均勻。

2　加入糖粉，改用漿狀攪拌器，以慢速（40R.P.M.）攪拌至全部材料混合均勻。

3　將豬油與剩餘 1/2 分量的水、益麵劑倒入另一個攪拌缸，以慢速攪拌均勻。若使用無鹽奶油，則須以 50℃ 熱水隔水加熱至融化，再倒入缸中攪拌。

4　待 3 混合均勻後，將其約略分為三等分。

5　第一次先取一份加入 2 的缸中，以慢速攪拌至均勻後，再加入第二份。

6　一開始以慢速攪打，待材料混合均勻後，即轉成快速（R.P.M.）拌打至麵團出筋（不黏缸），麵團應略帶褐色。

7　將第三份的 4 加入缸中，改回慢速攪打至材料混合均勻，水皮麵團即完成，取出進行 30 分鐘的鬆弛後即可準備分割。

　　※ 以上操作請使用電動攪拌機

〔油皮製作〕

　　將低筋麵粉過篩兩次後，與豬油一起攪拌均勻成團即可。

▌餡料配方▌

	材料	烘焙比(%)
主餡	綠豆沙胚	100
	細砂糖	50
	奶油（可省略）	30
	麥芽糖	10
配餡	市售豬肉鬆	20
合計		210

● 綠豆沙餡製作

　　將綠豆沙胚與砂糖放入鍋中，以大火炒至糖溶化後，改中火將奶油分三次加入熬炒，至不黏手時改小火，最後熄火加入麥芽糖拌勻，終點糖度應達 76°Brix。

▌綠豆凸製作▌

● 規格

{ 餅皮：綠豆沙餡：豬肉鬆＝ 40g ： 40g ： 4g

{ 水皮：油皮＝ 25g ： 15g

● 作法

　　餡料分割完成後，綠豆餡 40g 先包入肉鬆 4g 搓圓備好。餅皮則依照一般油酥皮擀法，將水皮包入油皮擀捲 2 ～ 3 次，壓成圓片後擀成中央厚、四周薄之餅皮，包入餡料後收口收緊，收口朝上置入圓形鋼圈模中，並用掌根將表面壓至略凹即可脫模。

● 烘烤

　　烤爐預熱至上火 170°C、下火 180°C，將收口面朝下排入烤盤，底下需墊一張烤焙紙，不必刷蛋水，餅面蓋紅印，入爐烤約 12 ～ 13 分鐘時，餅皮會膨脹鼓起，繼續烤至餅底著色，烘烤時間共約 20 ～ 25 分鐘。

兩面煎綠豆凸製作祕笈

　　台式兩面煎（雙面煎）月餅，其蔥香味特別濃厚，餡料柔軟鬆香，入口即化，為本產品之最大特色。台中社口之犁記餅店以及神岡富馨堂餅店，均以製作兩面煎產品而聞名全台。

‖ 餅皮配方 ‖

水皮材料	烘焙比(%)
中筋粉心麵粉	100
無鹽奶油（或豬油）	50
水	32
益麵劑	1.5
合計	183.5

油皮材料	烘焙比(%)
低筋麵粉	100
豬油	40
合計	140

● 餅皮製作

油酥餅皮製作方式請參照本書 P.70。

‖ 綠豆沙餡 ‖

　　以屏東產之新鮮綠豆，風乾後再烘乾脫殼、選別，即為乾燥綠豆仁。將綠豆仁浸泡流動活水 4 小時（夏天），最後一次以清水沖洗去砂石。接著放入松木桶中以大火蒸熟，並趁熱放入篩濾機中磨成綠豆粉（即綠豆沙胚）。之後以此綠豆沙胚為 100%，加入 60% 之精白粗砂糖，炒成甜綠豆沙餡，終點糖度為 76°Brix。

‖ 滷肉餡配方 ‖

材料	烘焙比(%)
上等五花肉（切小塊）	100
油蔥酥	20
蝦米	15
醬油	12
鹽	1
冬瓜糖（切碎）	5
五香粉	1
胡椒粉	0.5
米酒	5
白芝麻	15
合計	174.5

● 餡料製作

　　鍋燒熱加入適量沙拉油（分量外）爆香五花肉和蝦米，加入醬油、鹽、冬瓜糖、五香粉、胡椒粉、米酒、白芝麻拌勻，以小火煮至湯汁收乾，即為滷肉餡。將炒好之綠豆沙餡（主餡）與滷肉餡（副餡）以 65g：15g 之分量分割（副餡用量為主餡之 20～25%），即可準備包餡。

‖ 兩面煎月餅製作 ‖

● 規格

皮：餡＝28g：80g　水皮：油皮＝18g：10g

● 作法

　　同一般油酥皮擀法，水皮包油皮擀捲 2～3 次，壓成圓片後擀成中央厚、四周薄之餅皮，包入餡料後收口，可置入圓形鋼圈模中定形。

● 烘烤

　　烤爐預熱至上火 200°C、下火 180°C，將收口面朝下排入烤盤，底下需墊一張烤焙紙，不必刷蛋水，入爐烘烤至表面呈金黃帶紅色澤，即可出爐冷卻。烘烤時間共需 20～25 分鐘。

京式提漿月餅製作祕笈

京式月餅又稱爲「提漿月餅」或「青紅絲月餅」，乃是因爲月餅餅皮中添加麥芽糖而得「提漿」之名，特別是中國大陸北京、天津、山東一帶，因冬季氣候嚴寒，家家戶戶都喜歡用麥芽糖來製作糕餅、零食來食用，爲中國祖傳之餅食之一，當地人又稱之爲「八寶冰晶月餅」。提漿月餅烘烤冷卻後堅硬如鐵，入口除了有冰糖之脆硬響聲，還有桃仁、杏仁香味，咬感硬脆，現今已鮮少有人製作。

▌餅皮配方▌

材料	烘焙比(%)
低筋麵粉	100
沙拉油（或麻油）	24.32
細砂糖	35.14
水	32
麥芽糖	16.22
合計	207.68

●餅皮製作

1 熬煮糖漿：將細砂糖和水放入鍋中，大火煮沸至糖全部溶化，再加入麥芽糖混拌均匀，即可冷卻備用。

2 將冷卻後的糖漿與沙拉油、篩過的低筋麵粉一起放入缸中以慢速（40R.P.M.）攪拌成團。

3 移至工作檯上揉至微出筋即可，鬆弛30分鐘後，即可進行分割。

▌餡料配方▌

材料	烘焙比(%)
熟麵粉	100
沙拉油（或麻油）	106.25
細砂糖	200
核桃仁	37.5
瓜子仁	6.25
冰糖	37.5
青紅絲	25
桂花醬	18.75
芝麻	8
核桃仁	10
合計	549.25

●備料

· 塊狀冰糖粉碎成如黃豆般大小，以保留冰糖之脆感特性。

· 青紅絲乃是將水果蜜餞切絲。

· 核桃仁需事先預烤至熟。

●餡料製作

將全部餡料食材，用橡皮刮刀拌匀成黏團即完成。

▌提漿月餅製作▌

●規格

皮：餡＝1：1＝餅皮50g：餡料50g

●作法

將餅皮擀成中央厚、四周薄之圓片，包入餡料後收口，可置入圓形鋼圈模中壓扁，取出蓋上紅印；或放入刻花餅模中整形。

●烘烤

烤爐預熱至上火230°C、下火175°C，月餅排盤不必刷蛋水，入爐烤至餅身全部呈黃褐色，即可出爐冷卻。

〔說明〕

· 大陸北方地區的提漿餅皮與餡料配方中之油脂，均是以麻油來製作。

· 若要製成棗泥提漿月餅，餅皮配方中之細砂糖可成貳砂（黃砂糖），皮餡比爲1：1。

【店舖篇】

蘇式月餅

■ 第二次擀捲&鬆弛

　　為了使餅皮層次更多，必須再進行第二次的擀捲，完成後一樣要靜置鬆弛，以免包餡時因麵皮回縮不好操作。若希望餅皮的層次更多，鬆弛後可再進行第三次擀捲，但不宜超過三次，否則亦會破壞餅皮的層次。

❶ 將第一次捲好的麵團垂直擺放，收口朝上，以手掌略壓平。

❷ 再次擀平後，同上述方式由外向內捲起。

❸ 將全部的麵團一一擀捲完成，蓋上保鮮膜後再次的鬆弛 5 ～ 10 分鐘。

■ 包餡整形

　　將圓筒狀的麵團捏合壓扁擀成圓片後，才能進行包餡的動作。餡料可趁油酥皮麵團鬆弛的空檔分割備妥，包餡完成後的整形方式，則因月餅種類而有不同作法，全部整形動作完成後即可入爐烘烤。

❶ 將麵團橫放，用手指往中央壓下後，再用兩指捏合兩側麵團。

❷ 再次用手掌壓平麵團，使其成為圓片，即可準備擀平包餡。

❸ 油酥皮麵團擀成圓片，包入分割好的餡料，利用虎口收口捏緊完成包餡動作，收口時需深且小較佳。

■ 後續月餅是否刷蛋水或撒芝麻、蓋紅印與烘烤方式，請見各類月餅示範

〔說明〕若不將完成兩次擀捲的油酥皮麵團壓平，而是直接切半剖開再擀平包餡，烤後即為可見螺旋紋明酥型的潮州月餅，台灣大甲地區的芋頭酥亦屬此類。

｛椒鹽月餅｝

規格	數量＝75g×20個	材料總重＝1500g	
	皮餡比＝1：0.875	皮：餡＝40g：35g	水皮：油皮＝1：0.6＝25g：15g

‖ 配方 ‖

餅皮　　　　　　　　　　　　　　　　40g／個

水皮材料	烘焙比(%)	重量(g)
中筋麵粉	100	280
豬油（或酥油）	28.5	80
糖粉	14.3	40
鹽	0.7	2
水	35.7	100
合計	179.2	502

油皮材料	烘焙比(%)	重量(g)
低筋麵粉	100	200
豬油（20～30℃）	50	100
合計	150	300

餅餡　　　　　　　　　　　　　　　　35g／個

材料	烘焙比(%)	重量(g)
熟麵粉（糕粉）	100	220
豬油	72.7	160
糖粉	72.7	160
炒熟黑芝麻粉	45.5	100
桔餅（切丁）	9	20
烤熟瓜子仁	18.2	40
花椒鹽	3.6	8
合計	321.7	708
外沾炒熟黑芝麻		200g

製作流程

● 準備	
秤料・烤箱預熱・粉類過篩	
準備手粉、食用紅色色素	
〔水皮製作〕	
● 攪拌	
● 鬆弛	15～30分
〔油皮製作〕	
● 攪拌	
● 鬆弛	30分
● 分割	
水皮25g・油皮15g	
〔水皮包油皮〕	
● 收口	
〔整形〕	
● 第1次擀捲&鬆弛	鬆弛10～15分
● 第2次擀捲&鬆弛	鬆弛10～15分
● 製作椒鹽餡	
● 包餡	
● 整形	
● 沾黑芝麻	
表面刷糖水・沾上黑芝麻	
● 烤焙（兩面煎）	
上火180℃、下火200℃烤至底部金黃	15～20分
翻面續烤至金黃	10～15分

‖ 餅皮製作 ‖

水皮麵團

● 攪拌

　　豬油與糖粉加入鋼盆中拌勻，再將中筋麵粉、鹽混合篩入稍拌，接著將水分次加入拌勻，調整麵團軟硬度，待柔軟不黏缸時，即可滾圓準備鬆弛。

● 鬆弛

　　將麵團蓋上保鮮膜，鬆弛15～30分鐘。

油皮麵團

● 攪拌

　　將低筋麵粉與豬油混合揉勻成酥泥麵團，操作時要迅速，以免手溫使油脂融化。

● 鬆弛

　　將麵團蓋上保鮮膜，鬆弛30分鐘。

● 水皮、油皮分割

取出鬆弛後的水皮麵團與油皮麵團，各依配方秤重分割成小塊。

● 水皮包油皮

水皮麵團用手壓扁，將油皮放在水皮中央，接著以拇指壓住油皮，利用虎口將水皮往上推擠收口，油皮務必不能露出，否則成品烤後層次會不明顯。

整形

● 第一次擀捲&鬆弛

將包好的麵團壓扁後迅速擀成長橢圓形，由外往內捲成長筒狀，蓋上保鮮膜鬆弛 10～15 分鐘。

● 第二次擀捲&鬆弛

將第一次捲好的麵團收口朝上垂直擺放，以手掌略壓平後再次擀平，同上述方式由外向內捲起，蓋上保鮮膜後再次鬆弛 10～15 分鐘。

● 擀皮

將麵團橫放，用手指往中央壓下後，再用兩指捏合兩側麵團，再次壓平麵團成為圓麵皮，即將之擀成中央厚、四周薄之圓片。

‖ 餡料製作 ‖

1 將所有的餡料以手搓揉均勻，即為椒鹽餡，並秤重分割備用。

2 將花椒粉：鹽＝1：4 的比例混合入鍋炒香，取出磨碎過篩即成花椒鹽。

‖ 操作要訣 ‖

● 整形

包入分割好的餡料，利用虎口收口完成捏緊，將麵團略微壓扁，即可排入烤盤（收口朝上）。

● 烤焙

以上火 180℃、下火 200℃ 烤約 15～20 分鐘至底部著色金黃，再翻面續烤 10～15 分鐘即可。

● 蓋紅印

月餅出爐後，於表面蓋上紅印即可。

{ 棗泥月餅 }

規格	數量＝50g × 20 個	材料總重＝1000g	
	皮餡比＝1：1	皮：餡＝25g：25g	水皮：油皮＝1.5：1＝15g：10g

‖ 配方 ‖

餅皮 　　　　　　　　　　　　　　　　25g／個

水皮材料	烘焙比(%)	重量(g)
中筋麵粉	100	160
豬油	31.25	50
糖粉	25	40
鹽	1.25	2
水	37.5	60
合計	195	312

油皮材料	烘焙比(%)	重量(g)
低筋麵粉	100	120
豬油	66.7	80
合計	166.7	200

餅餡 　　　　　　　　　　　　　　　　25g／個

材料	烘焙比(%)	重量(g)
棗泥餡	100	480
糕粉	4.5	21
合計	104.5	501

製作流程

- ● 準備
  - 秤料・烤箱預熱・粉類過篩
  - 準備手粉
  - 〔水皮製作〕
- ● 攪拌
- ● 鬆弛　　　　　　　　　　　　　　15 ～ 30 分
  - 〔油皮製作〕
- ● 攪拌
- ● 鬆弛　　　　　　　　　　　　　　30 分
- ● 分割
  - 水皮 15g・油皮 10 g・棗泥餡 25g
  - 〔水皮包油皮〕
- ● 收口
  - 〔整形〕
- ● 第 1 次擀捲 & 鬆弛　　　　　　鬆弛 10 ～ 15 分
- ● 第 2 次擀捲 & 鬆弛　　　　　　鬆弛 10 ～ 15 分
- ● 擀皮
- ● 包餡
- ● 整形
- ● 烤焙（兩面煎）
  - 上火 180℃、下火 200℃烤至底部金黃　20 分
  - 翻面續烤至金黃　　　　　　　　10 ～ 15 分

‖ 餅皮製作 ‖

水皮麵團

● 攪拌

　豬油與糖粉加入鋼盆中拌勻，再將中筋麵粉、鹽混合篩入稍拌，接著將水分次加入拌勻，調整麵團軟硬度，待柔軟不黏缸時，即可滾圓準備鬆弛。

● 鬆弛

　將麵團蓋上保鮮膜，鬆弛 15 ～ 30 分鐘。

油皮麵團

● 攪拌

　將低筋麵粉與酥油混合揉勻成酥泥麵團，操作時要迅速，以免手溫使油脂融化。

● 鬆弛

　將麵團蓋上保鮮膜，鬆弛 30 分鐘。

●水皮、油皮分割

　取出鬆弛後的水皮麵團與油皮麵團，各依配方秤重分割成小塊。

●水皮包油皮

　水皮麵團用手壓扁，將油皮放在水皮中央，接著以拇指壓住油皮，利用虎口將水皮往上推擠收口，油皮務必不能露出，否則成品烤後層次會不明顯。

整形

●第一次擀捲&鬆弛

　將包好的麵團壓扁後迅速擀成長橢圓形，由外往內捲成長筒狀，蓋上保鮮膜鬆弛 10 ～ 15 分鐘。

●第二次擀捲&鬆弛

　將第一次捲好的麵團收口朝上垂直擺放，以手掌略壓平後再次擀平，同上述方式由外向內捲起，蓋上保鮮膜後再次鬆弛 10 ～ 15 分鐘。

●擀皮

　將麵團橫放，用手指往中央壓下後，再用兩指捏合兩側麵團，再次壓平麵團成為圓麵皮，即將之擀成中央厚、四周薄之圓片。

‖ 餡料製作 ‖

　棗泥餡製作方式請參照本書 P.52 廣式棗泥餡。

‖ 操作要訣 ‖

●整形

　包入分割好的餡料，利用虎口收口完成捏緊，將麵團略微壓扁，即可排入烤盤（收口朝上）。

●烤焙

　入烤箱以上火 180°C、下火 200°C 烤約 20 分鐘至底部著色金黃後（如圖），再翻面續烤約 10 ～ 15 分鐘，至餅皮膨起微上色即可。

{ 鮮肉月餅 }

規格	A	數量＝53g×20個	材料總重＝1060g	皮餡比＝1：1.94	皮：餡＝18g：35g
	B	數量＝43g×20個	材料總重＝ 860g	皮餡比＝1：1.39	皮：餡＝18g：25g

‖ 配方 ‖

餅皮   18g／個

水皮：油皮＝12g：6g＝2：1

水皮材料	烘焙比(%)	重量(g)
中筋麵粉	100	130
豬油	38.6	50
糖粉	10	13
鹽	0.9	1
水	38.6	50
合計	188.1	244

油皮材料	烘焙比(%)	重量(g)
低筋麵粉	100	80
豬油	50	40
合計	150	120

餅餡A（營業用配方）   35g／個

材料	烘焙比(%)	重量(g)
奶油	35	50
糖粉	24	35
冰肉	20	30
炒熟黑芝麻	30	44
炒熟白芝麻	30	44
冬瓜糖（切丁）	90	130
烤熟核桃	20	30
瓜子仁	24	35
豬絞肉	100	145
油蔥酥	10.5	15
糕粉（炒熟在來米粉）	76	110
● 調味料		
高粱酒	7.5	11
醬油	15	21
鹽	2	3
米酒	7.5	11
糖	1.5	2
合計	493	716

餅餡B（家庭用配方）   25g／個

材料	烘焙比(%)	重量(g)
豬絞肉	100	428
鹽	1.5	6
細砂糖	1.5	6
胡椒粉	1	4
醬油	3	13
麻油	1.5	6
蔥花（風乾外表水分）	8.7	37
合計	117.2	500

製作流程

● 準備
秤料‧烤箱預熱‧粉類過篩
準備手粉、食用紅色色素
〔水皮製作〕
● 攪拌
● 鬆弛   15～30分
〔油皮製作〕
● 攪拌
● 鬆弛   30分
● 分割
水皮12g‧油皮6g
〔水皮包油皮〕
● 收口
〔整形〕
● 第1次擀捲＆鬆弛   鬆弛15分
● 第2次擀捲＆鬆弛   鬆弛15分
● 餡料製作
● 餡料分割
配方A：35g／配方B：25g
● 包餡
● 整形
● 烤焙（兩面煎）   配方A＆B
上火180℃、下火200℃底部烤至金黃   15分
翻面續烤至餅皮膨起微上色   15分

‖ 餅皮製作 ‖

油酥餅皮製作方式請參照 P.104 蘇式月餅製作。

‖ 餡料製作 ‖ ························· 配方 A

1 奶油、糖粉、冰肉、芝麻、冬瓜糖、核桃、瓜子仁、高粱酒等材料秤好放入鋼盆中混合備用。

2 豬絞肉放入炒鍋中，加入調味料、油蔥酥以大少炒至熟香。

3 將糕粉與全部材料放入鋼盆中，混合攪拌均勻成團，分割成每個 35g，並捏緊成為圓球狀，即為鮮肉餡。

‖ 餡料製作 ‖ ························· 配方 B

1 豬絞肉放入鋼盆中加鹽、少許水（分量外），攪打出黏性。

2 加入其餘材料拌勻後，冷藏 1 小時。

‖ 操作要訣 ‖

● 整形

餡料配方 A

包入肉餡，用虎口收口捏緊，將麵團略微壓扁。

餡料配方 B

蔥花備好放入盤中，待餅皮放上肉餡，沾上蔥花後迅速收口捏緊（若將餡料與蔥花拌合則易出水）。

● 烤焙

將麵團收口朝上排入烤盤，略微壓平後，入烤箱以上火 180°C、下火 200°C 烤約 15 分鐘至底部著色金黃後，再翻面續烤約 15 分鐘，至餅皮膨起微上色即可。

{ 芝麻松子月餅 }

規格	數量＝80g × 20 個	材料總重＝1600g
	皮餡比＝1：3	皮：餡＝20g：60g

‖ 配方 ‖

餅皮   20g / 個

請參照 P.108 椒鹽月餅之餅皮配方與作法。

餅餡   60g / 個

材料	烘焙比(%)	重量(g)
熟麵粉	70	35
麥芽糖	30	15
奶粉	30	15
奶油	40	20
冬瓜糖	130	65
肥豬肉	100	50
糖粉	100	50
炒熟黑芝麻	23	11.5
起司粉	20	10
水	20	10
鹽	3	0.5
合計	566	282
外沾炒熟黑芝麻		100g

製作流程

- **準備**
  - 秤料・烤箱預熱・粉類過篩
  - 準備手粉、糖水、黑芝麻
  - 〔水皮製作〕
- **攪拌**
- **鬆弛**   15～30 分
  - 〔油皮製作〕
- **攪拌**
- **鬆弛**   30 分
- **分割**
  - 水皮 12.5g・油皮 7.5g
  - 〔水皮包油皮〕
- **收口**
  - 〔整形〕
- **第 1 次擀捲＆鬆弛**   鬆弛 10～15 分
- **第 2 次擀捲＆鬆弛**   鬆弛 10～15 分
- **製作芝麻松子餡**
- **包餡**
- **整形**
- **沾黑芝麻**
  - 表面刷糖水・沾上黑芝麻
- **烤焙**
  - 上火 180℃、下火 200℃至微上色膨起   15～20 分

‖ 餅皮製作 ‖

油酥餅皮製作方式請參照 P.104 蘇式月餅製作。

‖ 餡料製作 ‖

1 將熟麵粉放入盆中或在工作檯上築粉牆，再加入麥芽糖、奶粉，用手搓成粉狀。

2 奶油、冬瓜糖切丁，肥豬肉切丁，糖粉過篩，加入黑芝麻拌勻。

3 將 1、2 與起司粉、水、鹽混合攪拌均勻成團，即可依配方進行分割滾圓備用。

▌ 操作要訣 ▌

●整形

1 水油皮麵團擀開包入分割好的餡料，利用虎口
  收口完成捏緊。

2 將麵團略微壓扁，在表面刷上一層糖水後（左
  圖），沾上黑芝麻（右圖）。

●烤焙

　收口朝下排入烤盤中，入烤箱以上火 180°C 、下
火 200°C 烤至餅色微上色、膨起即可，約 15 ～ 20
分鐘。

【店舖篇】

冰皮月餅

{冰皮月餅製作}

攪拌

　　冰皮月餅材料中含有部分油脂（白油）以及大量的水分（奶水），攪拌時要有耐心，盡量使油水攪拌均勻融合較佳。

將全部冰皮材料放入盆中，以打蛋器攪拌至均勻無顆粒狀的糊狀。

蒸熟糊化

　　冰皮麵團乃是利用高溫使澱粉糊化，達到麵團軟Q的效果。因爲麵糊十分濃稠，若是直接加熱會使麵糊中的水分快速蒸發而焦底，但蒸熟的過程中，還是需要定時攪拌，使麵團受熱均勻，糊化才能完全。

❶麵糊中還留有難以拌勻的白油時，可以隔水加熱方式融化白油。

❷將均勻麵糊放入蒸籠中，以大火蒸約 30 分鐘至熟（如圖）。

冷藏

　　冰皮麵團質感類似麻糬，攤平冷卻時要特別注意勿使表面脫水乾燥，否則一旦結皮變硬則失敗。

❶將麵團取出後攤平，以加速散熱冷卻。

❷隨即蓋上保鮮膜緊蓋住擠出多餘空氣，冷卻後再移至冷藏庫。

揉製

將冰皮麵團再重新搓揉使質地均勻，才有利於後續整形動作。且因冰皮月餅整形後可直接食用，不再經過加熱或烘烤，所以操作時務必要戴上無菌手套，或事先以酒精消毒，否則月餅容易孳細菌而變質。

❶將已冷透的麵團自冷藏庫取出，放入 PE 塑膠袋中揉至柔軟，即可進行鬆弛。

❷或雙手戴上無菌衛生手套，直接在檯面上進行揉製完成再鬆弛。

鬆弛

此階段亦要避免冰皮麵團失水，所以必須緊密蓋上保鮮膜以防乾燥結皮。

待麵團質地已柔軟均勻時，滾圓後蓋上保鮮膜，鬆弛 15 分鐘。

分割&包餡

此階段操作時，重點如前述，雙手若無消毒則要戴上無菌手套，以求衛生安全。擀麵皮和包餡時，力道都要均衡，以免麵皮厚度不均，影響美觀。

❶依配方將冰皮麵團和餡料分別秤重分割，滾圓後準備包餡。

❷將麵團稍壓扁，擀成中央厚、四周薄之圓麵皮，包餡並收口捏緊。

入模&脫模

因為冰皮月餅可直接食用，所以餅模用的手粉需使用熟粉（糕粉）。若為求嚴謹，亦可將完成的冰皮月餅再入蒸籠蒸熟，衛生條件更佳，但冰皮蒸熟後色澤會呈半透明，口感則較有彈性。

❶餅模先撒少許糕粉扣出，再將冰皮麵團置入餅模中壓實（收口朝外、表面朝內）。

❷脫模則與廣式、台式月餅相同，在餅模左、右側及上端敲扣三下即可扣出，冰皮月餅即完成。

{ 紅豆沙冰皮月餅 }

規格	餅模＝90g 皮餡比＝1：3.5	數量＝20個 皮：餡＝20g：70g	材料總重＝1800g

‖ 配方 ‖

餅皮   20g／個

材料	烘焙比(%)	重量(g)
低筋麵粉	20	20
水磨糯米粉	40 ⎞ 100	40
水磨在來米粉	40 ⎠	40
糖粉	40	40
奶水	180	180
煉乳	56	56
白油	40	40
合計	416	416

餅餡   70g／個

材料	烘焙比(%)	重量(g)
紅豆沙餡	100	1400
合計	100	1400

製作流程

準備	
秤料・準備蒸籠・工作檯、磅秤、餅模消毒殺菌 粉類過篩・準備手粉（糕粉）	
攪拌	
蒸熟	30分
冷藏	30分
揉製	
鬆弛	15分
分割	
冰皮20g・餡料70g	
包餡	
入模整形	

‖ 餡料製作 ‖

冰皮餡亦可更換任何口味之餡料，可參照本書 P.171 ～ P.176 之配方製作餡料。

‖ 餅皮製作 ‖

● 拌勻蒸熟

將全部的冰皮材料放入鋼盆中，攪拌至均勻糊狀後，放入蒸籠中以大火蒸約 30 分鐘至熟。

● 降溫冷藏

將麵團取出放入鋼盆中，將保鮮膜緊蓋住，冷卻後再移至冷藏庫冷藏至冷透。

● 鬆弛

將冰皮麵團取出，放入 PE 袋中或戴手套將麵團揉至柔軟均勻，即蓋上保鮮膜鬆弛 15 分鐘。

● 分割

依配方將冰皮麵團和餡料分別秤重分割，滾圓後準備包餡。

‖ 操作要訣 ‖

● 包餡

將冰皮麵團稍壓扁，擀成中央厚、四周薄之圓麵皮，包入餡料（不限口味）並收口捏緊。

● 入模整形

餅模先撒少許糕粉扣出，再將冰皮麵團置入餅模中壓實（收口朝外、表面朝內），脫模時在木模左、右側及上端敲扣三下即可扣出。

●殺菌

　因為冰皮月餅在操作後不再經過烤焙或蒸煮等殺菌程序,所以餅模在使用前,必須事先噴灑75%酒精或以沸水燙過消毒,晾乾後才能使用,操作工作檯及磅秤均需以75%酒精殺菌。整形操作時,雙手也要戴上用畢即丟的無菌手套,手粉則用糕粉,才可直接食用。若在整形完成後,再入蒸籠中蒸熟殺菌,則操作時可依照一般月餅的製作程序。

●保存

　冰皮月餅製作完成後,需以2～4℃冷藏保存,貯存保鮮期為3～5天。

▲餅模噴灑酒精消毒。

▲澆淋沸水消毒餅模。

冰皮配方評比

材料 \ 配方 烘焙比(%)	配方 A	配方 B	配方 C	配方 D	配方 E	配方 F	配方 G	配方 H
糕粉	100	100	100	100	100	100	100	100
糖粉	167	25	15	40	—	29.3	13.5	細砂糖 250
白油	42	50	57	40	—	—	62.5	25
鮮奶	—	—	—	180	—	61	—	—
煉乳	—	—	—	56	—	—	—	澄粉 25
冷開水	167	100	—	—	—	119.5	—	125
香料	—	—	—	—	—	—	—	少許
色素	—	—	—	—	—	—	—	少許
糖漿	—	—	—	—	211.5	—	—	麥芽糖 37.5
特性評比	皮軟甜	不甜，皮軟	不甜，皮軟	有乳香，甜	乾硬	不甜，皮硬	不甜，皮軟	很甜

※上表之各配方比較，乃專供讀者清楚比較各材料在冰皮麵團中之作用與特性參考之用。

▌關於冰皮配方之原料 ▌

1 **糕粉**：100% 的糕粉，亦可用下列三種配方來代替：

　① 熟糯米粉（50%）＋蒸熟低筋麵粉（50%）＝糕粉（100%）

　② 熟糯米粉（27%）＋澄粉（73%）＝糕粉（100%）

　③ 低筋麵粉（20%）＋水磨糯米粉（40%）＋水磨在來米粉（40%）＝糕粉（100%）

2 **色素**：以綠色色素使用最多，食用紅色色素次之。

3 **香料**：台灣製作冰皮多用七葉蘭，泰國則用斑蘭油（天然香料），綠色清香，乃南洋斑蘭葉磨漿出油製成。亦可加入哈密瓜、香蕉、草莓、芋頭等不同風味之香精。

4 **油脂**：多使用白油、豬油或奶油。

▌配方 E 糖漿製法 ▌

　細砂糖（100%）與冷開水（74%）、新鮮檸檬汁（1 個）、蒸熟低筋麵粉（67%）一起攪打均勻即爲糖漿（211.5%）。

▌配方 H 冰皮製法 ▌

　細砂糖加水煮成糖漿，待冷卻後再加入麥芽糖、色素、香料攪拌均勻，再加入糕粉、澄粉快速攪拌成糰漿，需隔水加熱 3 小時以上。接著雙手戴無菌手套至工作檯上分割（用 75% 酒精殺菌），包餡後即可冷藏。

{月餅餡料風味評比}

餡料名稱	風味特點	應用
廣式紅蓮蓉餡	色澤紅黃、不滲油、蓮味清香、組織香鬆	以廣式月餅為主
廣式紅豆沙餡	色澤鮮紅油潤、有光澤、風味香甜	以廣式月餅為主
廣式烏豆沙餡	色澤烏黑帶紅光，富紅豆香	以廣式月餅為主
廣式棗泥餡	滋味酸甜，富含棗泥清香，風味濃郁	以廣式月餅為主
伍仁火腿餡	加入五種富含營養價值的核果果仁，廣式伍仁餡更加入金華火腿，口感豐富紮實，富核果香	廣式月餅 台式月餅
台式紅豆沙餡	色澤不如廣式紅豆沙餡深紅，而是稍帶粉紅，紅豆香味濃郁	以台式月餅為主
白豆沙餡	色澤潔白如雪花，入口即化為豆香	台式油酥皮月餅 冰沙月餅 小月餅
綠豆沙餡	色澤即如綠豆仁黃，富綠豆香，若摻入紅蔥酥、滷肉則風味更佳	台式兩面煎月餅 綠豆凸
芋泥豆沙餡	芋頭香濃，若摻入白豆沙或紅豆沙，則另有一番風味	廣式潮州油酥月餅
奶油椰蓉餡	椰香搭配奶油，風味濃厚	廣式月餅 台式油酥皮月餅
綠茶餡	色澤碧綠，富綠茶清香，具保健功能	台式月餅 冰皮月餅 日式和菓子
鳳梨醬	色澤金黃帶微紅，鳳梨果香濃郁，香甜可口	傳統台式喜餅 傳統台式月餅
奶油冬蓉醬	色澤米黃，很少單獨入餡，多摻入紅蓮蓉或鳳梨餡調合	傳統台式訂婚喜餅 傳統台式月餅
咖哩餡	咖哩香味濃重，風味甜中帶鹹	台式喜餅 日式和菓子

【工廠篇】

餅皮製作

{ 廣式漿皮 }

高級廣式月餅的品質好壞，除了製作技巧是否熟純，還包括用料的選用、餡料炒煉技巧是否熟練，以及生產製作過程品質之品管、環境是否符合衛生安全條件，烘烤溫度及時間、冷卻是否冷透、回油，包裝有無加附脫氧劑等，以上均是評鑑廣式月餅的重要關鍵。而廣式月餅製作上，最大的學問，就在於餅皮的製作。

漿皮類的廣式月餅，其組成由轉化糖漿、油脂、低筋麵粉以及鹼水四種主要成分所組合。待揉製成光亮鬆軟可塑性高的麵團，再經整形、脫模的月餅，烤後花紋才能精美、清晰。而影響漿皮餅皮品質最大的因素，就在於糖漿與油脂二者的比例。

‖ 餅皮重要成分與餅皮之關係 ‖

● 低筋麵粉：使用含蛋白質含量 8% 的低筋麵粉，可調節餅皮之軟硬度。

● 油脂：可用液體或固體油脂，使用範圍視月餅種類及特性而定。餅皮中油的使用量，多半在麵粉用量之 25～30% 之間。

● 轉化糖漿：黏性大，加入油脂恰好可達到調整的目的，濃度（即糖度）習慣上控制在 76°～82°Brix 之間。再者轉化糖漿可使餅皮內的糖不易結晶（抗結晶），並可抗澱粉老化而使餅皮柔軟，二者共聚穩定結構，因而提高餅皮之可塑性，且糖漿濃度亦會影響月餅皮烘烤時的「脹潤」與花紋清晰度。

● 鹼水：使餅皮烘烤後增色，並調節餅皮酸鹼度，防止過酸而使餅皮變黑。

‖ 餅皮重要成分解說 ‖

● 低筋麵粉

製作廣式月餅餅皮時，最忌用高筋麵粉以及中筋麵粉，以上二者均不適合，都會造成烘烤時月餅的種種變化。最適合製作廣式月餅餅皮之低筋麵粉條件為：

1 濕麵筋在含量 23～25% 之間（即蛋白質含 7～8% 之間之麵粉）。

2 灰分略高，餅皮烘烤著色會較深較佳。

3 操作使用時必須過篩 1～2 次為佳。

● 油脂

廣式月餅主要在品嘗餅餡之風味，所以餅皮在製作上，切忌使用會影響餅餡風味的油脂，例如熬製後的熟油等等。

在廣式月餅餅皮的製作上，筆者尚未見到有人使用豬油，多半採用南非進口的純花生油。但因花生油具有一種特殊的生青味，所以必須加 5% 的麻油來調和，使餅皮具有些微芳香即可，若麻油香氣過重，亦破壞了月餅的美味。然而若使用熬過的熟油製作餅皮，月餅在經烘烤時，油過熱不耐儲存，很快就會產生油耗味。

所以目前在廣式餅皮的製作上，油脂多採用品質佳的純冷搾花生油，親水性、親油性佳之有機磷脂質，其乳化力佳，有益於麵團之可塑性。

● 鹼水——餅之美容劑

廣東人或香港人稱鹼水為「陳村鹼水」。鹼水濃度在 50° 時，呈現微黃色，強度只有純鹼（碳酸鈉）的三分之一。餅皮中加入鹼水的目的有二：一是使餅皮烘烤時增色，一則可中和糖漿熬煮時所加的酸，以免烘烤時餅皮過酸而使餅色變黑。

‖ 廣式月餅餅皮之最佳成分標準 ‖

由轉化糖漿、麵粉、油、鹼水四大成分所組成重油、重糖、具韌性、可塑性佳的廣式月餅皮，各成分的標準用量、範圍如下：

● 轉化糖漿：在一般使用上，糖漿糖度以控制在 75°～80° 之間最多，用量則在麵粉用量之 73～78% 之間。

● 油脂：使用量在麵粉用量之 20～30% 之間，一般以 25% 為準。

● 鹼水：未烘烤前的生餅皮麵團之 pH 控制在 8～

9 之間爲最佳。若鹼水加太多則餅色灰暗，容易生黴，且不易吸油；太少則餅皮色澤過淺，餅邊容易出現白點，餅皮不光滑，有時甚至會有砂粒雜質。

所以一個完整的廣式月餅餅皮配方，必須要由以下三點來達到平衡：

1 熬製轉化糖漿時使用的酸種類及用量
2 鹼水濃度與鹼的用量

3 餅皮與餡料的含糖量及含油量：餡料炒煉的終點糖含量及油含量，需與餅皮的糖、油含量百分比相近（包含糖漿濃度），意即餡料的糖度比例要與餅皮糖含量的烘焙比相近，才能達到最佳的口感與融合。

若糖漿含糖量、餅皮含油量與餡料之含油量三者能搭配完美，則所製出的廣式月餅則能得到最佳的回油效果。

廣式餅皮的靈魂—轉化糖漿熬製

廣式月餅的漿皮烤後柔軟，儲放短時間內砂糖不會還原再結晶（反砂），主因在於使用轉化糖漿。然而熬製轉化糖漿時所採用酸的種類、用量與餅皮配方亦有密切關係，所以絕不能以單一餅皮配方套用在各種不同條件的轉化糖漿來使用，必須單獨再作配方上的調整。

‖ 轉化糖漿配方 ‖

材料	烘焙比(%)
蔗糖	100
水	50
檸檬酸※	1～0.01
糯米麥芽糖	15

※可添加新鮮檸檬 5%增加果香味

調節廣式餅皮軟硬度之方法

餅皮軟硬程度的調整，建議操作時將全部材料（包括使用品牌）都固定後，再進行調整試驗，即可準確掌握各項材料分量。固定品牌的原因，乃在於影響餅皮的製作因素太多，而且即使是同一種原料，不同廠家生產製作的低筋麵粉其蛋白質含量也有所有差異，所以必須將每一個環節都控制在固定狀況下，才能準確地調整出理想餅皮的烘焙比。其次糖漿及油脂只要控制在適量範圍內變動增減用量，對烘烤時就會有最小的影響，也就能將失敗機率降至最低。

‖ 熬煮流程重點 ‖

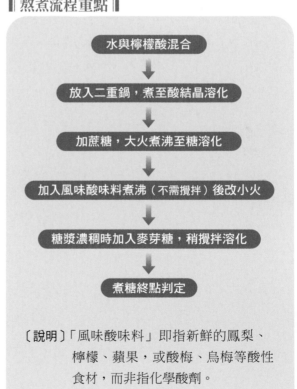

水與檸檬酸混合
↓
放入二重鍋，煮至酸結晶溶化
↓
加蔗糖，大火煮沸至糖溶化
↓
加入風味酸味料煮沸（不需攪拌）後改小火
↓
糖漿濃稠時加入麥芽糖，稍攪拌溶化
↓
煮糖終點判定

〔說明〕「風味酸味料」即指新鮮的鳳梨、檸檬、蘋果，或酸梅、烏梅等酸性食材，而非指化學酸劑。

●熬煮要訣

熬煮方式同本書 P.44 之轉化糖漿熬煮法。商業製法上，建議以銅鍋或不鏽鋼鍋熬煮 3 小時以上，終點測溫為 108 ～ 112℃、熱測糖度為 80°，儲存 1 ～ 3 個月再使用；或取儲存一年的老糖漿，在糖水熬煮至將變濃稠前，加入老糖漿稍攪拌完全溶解即可。糖漿熬煮完成後，是否立即加鹼中和，端看個人習慣，亦可以不加鹼，但在製作餅皮時則要特別留意用鹼量之測試。

●熬煮糖漿時還應注意以下幾點：

1　勿使用含糊精多的西式轉化糖漿，否則做好的餅皮麵團會很黏。

2　麥芽糖不能完全取代蔗糖，否則糖度不足。

3　若在熬糖漿液中添加麥芽糖，添加量不可超過 20%，否則餅皮過黏不易脫模，烘烤後餅皮也易於脆裂，柔軟度不足。

4　糖漿熬煮完成後需儲存 1 ～ 3 個月，以供微酸發酵，繼續轉化；若立刻使用，則烤好的月餅餅皮「韌性」不足，餅皮易烤裂，餅身塌陷。

5　熬煮糖液測糖濃度，溫測自 110℃ → 112℃ → 116℃ → 118℃，絕勿超過 120℃，否則糖漿過黏，餅皮不易操作，且冷後糖會結晶（反砂）。

6　若使用新鮮檸檬作為酸轉化劑，則需選用成熟度佳者且用量要大。若無把握建議僅用新鮮檸檬作為香料即可，勿作為酸水解原料，以免掌握不當而失敗。且如果檸檬用量不足，所熬成糖漿製作餅皮在烘烤後，仍會有還原糖結晶反砂的危險。

7　若熬煮糖漿的同時加入焦糖，最好在熬煮時也要加入鹼以中和糖漿。因為若不在事前加鹼中和，事後製作餅皮時，加鹼水量需在 4 ～ 6%，分量

糖漿熬煮終點測定法

轉化糖漿是否已熬煮完成，熬煮之終點測定是非常重要的判斷，過與不及都稱不上是成功的糖漿。以下便是各種幫助判斷熬煮是否已達終點的方法，亦是熄火的時機：

1　測溫度：溫度計測溫達到 108 ～ 112℃ 即可。

2　測糖度：最準確的測定法。取少許糖液滴在糖度計之斜面鏡玻璃上，蓋上表蓋對光，即可讀取熱測糖度。但因熱測時，糖度計上顯示數值會再升高 2°Brix，所以終點糖度為 76°～ 78°Brix 之時，熱測時則需達糖度 78°～ 80°Brix。

3　測拉力：將熬好的糖漿滴在冷盤上，拇指及食指沾糖液再慢慢地拉開，若可拉長至約 1cm 才斷線即可。

4　測濃稠度：
　• 用湯匙舀取糖漿，當糖漿流下到最後時，有回收糖漿之拉力現象或呈菱形狀流下（如下圖）。
　• 取少許的糖液，滴入冷水中，若糖漿不會立即溶化散開，而會呈扁平狀沉澱在容器底部，則表示達到終點。

5　時間判定法：熬煮糖漿時間至少 2 小時以上。

較多時，難免會影響廣式月餅的品質。此時若使用陳村鹼水，則加入分量以麵粉用量之 1 ～ 2% 即足夠。而為避免失敗，建議任何配方都要在大量生產製作之前，先取一小塊揉好餅皮之麵團，預作烘烤試驗，才是避免失敗之策。

▌各地不同廠商熬製糖漿之配方▐

使用量(%) 配方　材料	配方 A		配方 B	配方 C		配方 D	
蔗糖	100		100	100		100	
水	50		60 ～ 40	200 ～ 150		37	
檸檬酸	0.66 ～ 0.2		0.1 ～ 0.05	0.1 ～ 0.05		—	
代替檸檬酸之材料	新鮮檸檬	5	—	新鮮鳳梨	10	糯米麥芽糖	5
	糯米麥芽糖	15	—			蛋白	1 個
配方來源	台灣		大陸廣東	泰國		大陸古法	

材料 ＼ 配方 使用量(%)	配方E		配方F		配方G		配方H	
蔗糖	100		100		100	100	100	
水	50		42		100	48	100	
檸檬酸	0.66～0.2		0.1～0.05		0.1	—	0.1	
代替檸檬酸之材料	新鮮檸檬	5	麥芽糖	3.6	酸桔	5	新鮮檸檬	5
			高濃度果糖	3.6				
	烏梅	3	小蘇打	0.2				
			水(中和用 pH6.9)	1				
配方來源	台灣烘焙業者		台灣		泰國曼谷		台灣	

材料 ＼ 配方 使用量(%)	配方I	配方J		配方K	配方L	
細砂糖	100	100		100	冰糖	100
水	50	40		200	糖漿	76
檸檬酸	0.06	0.06		0.82	水	50
代替檸檬酸之材料	—	葡萄糖漿	30	—	—	
配方來源	香港	大陸		大陸上海	香港	

材料 ＼ 配方 使用量(%)	配方M	配方L
粗砂糖	80	100
綿白糖	20	—
水	80	15
代替酸味料 白話梅	3	—
代替酸味料 新鮮檸檬	3	6
代替酸味料 白醋	2	—
代替酸味料 老糖漿	35	—
配方來源	台灣	台灣烘焙業者

● 各配方作法重點

• **一般熱煮程序（配方A～C、E、H～L）**：供香料之水果切片（新鮮檸檬）、鳳梨去皮（果肉果片）、梅子整粒，熬至糖度約 50°Brix 即撈出，將糖液過濾後加糖以大火煮沸，再改小火熬煮至終點。

• **配方D（傳統古法）**：蛋白加入水調稀後，徐徐加入大火煮沸之糖液中（蛋白可吸附糖液中之雜質），將整鍋過濾濾除蛋白後，濾液呈青色，再以大火將濾液煮沸，加入糯米麥芽糖，改小火熬煮至將糖液滴入水中呈扁平狀，即可熄火。

• **配方F**：當熬煮至 108°C 時，加入麥芽糖及高濃度果糖，續煮至 118°C 時再加入小蘇打，直至糖度熱測為 80°Brix（冷測糖度 78°Brix）即可熄火。

• **配方G**：用兩個鍋子熬糖，一個小火熬煮糖漿，另一鍋用中火熬焦糖，糖度熱測 78°～80°Brix，溫度 112°C，pH2.5。

▌糖漿影響餅皮自動化機械操作之因素 ▌

要想大量生產高級廣式月餅，不論半自動化或全自動化，餅皮麵團若是太黏，在自動化機械操作生產時便難以操作。而影響餅皮黏度的最大因素，莫過於轉化糖漿。

❶ 轉化糖漿之黏性

在熬煮轉化糖漿時，必須注意糖漿在何種濃度下黏性不大、適中，所製成的餅皮才適合自動化包餡、成型、印花紋、烘烤、回油等一連串動作。如果糖漿黏性大，就必須調整配方中的油脂用量，調節餅皮黏性，以利於自動化機械操作。此外雖然也可以用少許高筋麵粉作為手粉，撒在包餡機或打印機上以避免餅皮沾黏，但切忌不可撒太多粉，否則也會影響機械打印，使花紋不夠明顯。

❷ 轉化糖漿之濃度

熬糖漿除了在轉化技術上要把握溫度、轉化糖含量之比例外，糖度不足或濃度過高，都會影響麵團在缸內攪打的情況，直接影響餅皮之可塑性，影響情況如下表：

糖漿條件	對麵團的影響	對烤後餅皮的影響
濃度（糖度）過高含水量不足	麵團不易出筋，麵粉中糊化澱粉過多	餅皮太軟，月餅烤後容易變形
濃度（糖度）不足含水量過高	產生過多麵筋	麵皮太硬，餅皮烤後較硬

關於鹼水

在月餅皮中添加鹼水主要目的，在於改進餅皮組織黏彈性，賦予特殊風味及食感。添加鹼水後，組織酸度約 pH8.5～9.0，恰好是麵筋蛋白的最佳彈性及最低水性狀態，廣式月餅皮薄之可塑性與展性來由，加速澱粉膠化過程，增加澱粉糊的黏性，使烘烤後餅皮堅實有光澤。

‖ 鹼水種類 ‖

❶ 古代鹼水

將草木、木材燃燒灰後，加入 4 倍灰重的水量煮開，即為鹼水，又稱「陳村梘水」，pH 為 12.5，使用添加量約為麵粉用量之 0.2～1.5%。

❷ 現代鹼水

以碳酸鉀（K_2CO_3）為主，碳酸鈉（Na_2CO_3）為輔，不可任意更改兩者之比例。其液體不耐久存，不安定，有沉澱現象，故須再添加安定劑聚合磷酸鹽（有保水性、黏彈性），可保護澱粉、防止老化之功能。

❸ 日本鹼水──梘水

日本人稱現代的鹼水為「梘水」，乃是 K_2CO_3、Na_2CO_3、$Na_4P_2O_7$ 三者調和而成，pH 為 12.6。

〔配方〕將 K_2CO_3（70g）、Na_2CO_3（20g）、$Na_4P_2O_7$（10g）加入 400g 的軟水（含鈣 5ppm 以下）調勻溶化成為鹼液，用量為麵粉用量之 0.2～0.5%，加入麵團則可保持 pH8～9 之最佳狀態，即餅皮麵團之延展性、抗張力（耐攪拌）均為最佳。

‖ 廣式月餅皮的鹼水用量 ‖

使用鹼水的目的主要在中和糖漿酸性，使餅皮呈鹼性，讓餅皮烘烤時易著色（鹼性高，則餅皮愈易烤成金黃色），而其用量則需視糖漿完成後的糖度、酸度而定。

鹼水的配製濃度以 60° 上下為佳，太低（太稀）則用量大（例：用量為麵粉用量之 6%），配方中就必須減少糖漿用量，因而影響餅皮回油的情況。所以使用鹼水時，原則上以濃度高、用量少者為佳，最好的方法就是在正式大量製作廣式月餅前，將調好的餅皮取少量試烤測試，直到調整出最恰當的配方在此即包括糖漿濃度以及鹼水用量的配合，再進行大量生產最為保險。

● 配方中鹼水對粉用量與使用鹼水濃度對照表

對麵粉用量	鹼水濃度	評比
6%	稀	不佳
4%	中濃	中等
2～5%	濃	中等
0.1～2%	最濃	理想

● 餅皮配方

餅皮材料	烘焙比	
低筋麵粉	100%	
糖漿	65～80%（一般75%）	
生油脂	25～30%	
鹼水	中濃	4～6%
	稀	6～8%

〔說明〕

1. 鹼水用量愈少愈好，因水分少才不致於影響餅皮的糖油比例。

2. 一般手工製作的月餅製作較單純，若使用市售月餅專用鹼水，因濃度高，用量為麵粉用量之 1% 即足夠。

廣式餅皮試烤

取一部分揉好的餅皮麵團，製作少量數個月餅，放入已預熱烤箱中，依配方中所示之爐溫試烤，並詳細記錄月餅何時開始上色、著色與烘烤時間的關係如何，最終出爐時若餅皮烘烤後外觀金黃色，即表示配方完美。若顏色太淺，則需延長烘烤時間，或調整月餅之配方。如此每次均可製作出品質完美的月餅。

廣式漿皮製作

　　廣式漿皮麵團在製作上與其他類月餅最大的不同，在於其每一項組成成分，除了有嚴格的烘焙比例之外，甚至於麵粉的蛋白質質含量、轉化糖漿的糖度、鹼水的濃度以及油脂的選用，都必須符合該套配方的標準，否則即使分量相同但標準卻無法配合的話，還是會影響製作成敗。

▌ 餅皮 ▌ 　　　　　　　　（以下列配方為例）

餅皮材料	烘焙比(%)	重量(g)
低筋麵粉	100	600
糖漿（72°～80°Brix）	75	450
生花生油	25	150
鹼水	4	24
合計	204	1224

▌ 餅皮製作流程 ▌

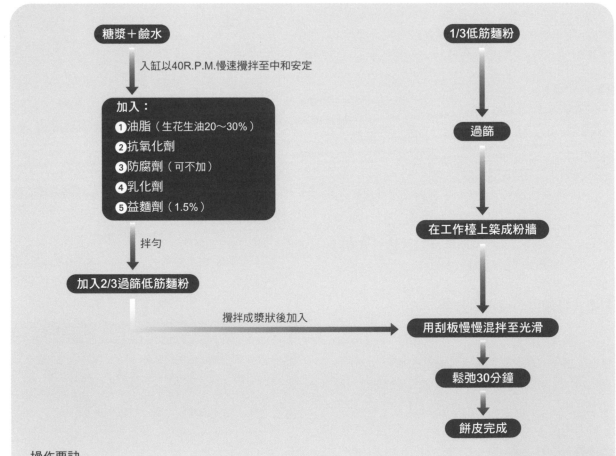

操作要訣

　　一般常用糖漿濃度在 72 ～ 80% 之間範圍內，油脂再與麵粉混合，較不易黏手或黏機械。在每一個操作步驟之前，麵團都需長短時間不等的鬆弛，才有利於下一個操作動作的進行。油量最好足夠，用量範圍為麵粉用量之 20 ～ 30% 之間，基本上只要攪拌成光滑、有光澤的麵團即可。餅皮未烤前不能揉搓太硬或者另外加糕粉用以調整軟硬度，因糕粉若加太多，則皮亦會變硬，使餅面生白點，皮餡易分離、吸油性差，高溫烘烤餅皮易爆裂、露餡、包裝時餅角脫落等。

{台式油酥皮}

台式月餅的餅皮主要可分爲糕皮與油酥皮兩大類。糕皮月餅在製作上較簡單，只是單純的將材料拌勻即可，而油酥皮月餅則在操作整形的程序上較爲複雜，但相對地也形成更有特色的口感與外觀。

‖ 油酥皮之重要組成成分 ‖

水皮麵團（外皮）： 中筋麵粉、水、糖、油。

油皮麵團（內皮）： 低筋麵粉、油。

❶ 砂糖

以豐原名產之油酥皮月餅（綠豆凸）爲例，因油酥皮配方中，砂糖用量爲麵粉用量之 4～6%，月餅烘烤後表皮顏色淺，且具層層酥片與層次，品嘗時外皮酥脆剝落，酷似雪花片片，又有「雪花餅」之稱。又因其外型凸起而內餡又以綠豆餡爲主，所以又稱「綠豆凸」或「綠豆椪」。而紅皮綠豆凸（兩面煎）則是水皮中，砂糖用量至少在麵粉用量之 10% 以上，烘烤後才會產生較深的烙紅色。而砂糖主要除了影響烘烤之餅皮色澤外，同時也掌控了油酥餅皮的脆度。

❷ 水分

水亦是不可缺之重要成分之一，其主要作用在於使麵粉起筋，擴展成容易包油皮之彈性麵團。水的用量需視麵團中油脂用量、熔點（當時氣溫之高低，使用油脂之熔點是利於操作、分割、整形）以及砂糖用量三者而適時加以調整。

❸ 麵粉

水皮麵團因爲要包覆油皮再經多次擀捲，操作過程中切忌露油，需具備良好的彈性、延展性，所以使用中筋麵粉來製作。而油皮麵團主要在於要與油脂能夠完全融合，經多次擀疊烤焙後因高溫融化，才能形成多層次的餅皮，所以使用低筋麵粉。

❹ 油脂

製作油酥皮一定要使用固態油脂，或者以固態油脂爲主，摻入少許液態油脂，否則將難以整形擀製。使用的油脂種類以豬油、奶油、酥油、白油等爲主，但仍需視各種油脂之特性不同，再加以調整配方。

‖ 製作油酥餅皮常用油脂 ‖

1 **豬油：** 固體狀，好操作，產品香氣濃郁。

　代表月餅：綠豆凸、蛋黃酥。

2 **白油：** 含乳化劑在內的固態桶或罐裝植物油。

　代表月餅：綠豆凸、太陽餅、素食月餅。

3 **酥油、奶油：** 在現代製油技術、香料、色素添加下，由動物或植物油中提煉，或者兩者相混皆有，若非特別指定，一般人很難辨別。

　代表月餅：綠豆凸、蛋黃酥、喜餅、禮餅。

實際上，月餅並非是天天在吃，而月餅對人體健康的影響，以採用天然生產的豬油、奶油爲主，才有天然的香味，化學加工的白油、酥油，最好是能避則避。

烘烤油脂與酥性之關係

一般人對於烘烤用油脂的選別,認識並不太清楚,在此特提出系統性的介紹,以利於油酥皮之開發與製作,並由「固體脂含率」來說明,哪些油脂適合加工之基本原理與使用特性變化之關係。

‖ 固體脂含率 ‖

所謂「固體脂含率」亦即「固體油脂指數」,英文簡稱 SFI,以 % 表示,意即油與脂兩者含量比率與使用溫度之關係。其可決定烘焙油脂的加工特性,以及使用溫度高低對於麵團可塑性(即起酥性)之影響。

●固體脂含率與加工可塑性(Solid Fat Index & Plasticity)

溫度	外觀
低溫	固體稱「脂」(Fat)
常溫(30℃)	固態或半固態狀(實為油+脂混合共存)
高溫	液態稱「油」(Oil)

●製作油酥皮油脂的最佳使用狀態,即 SFI 在 15%～25%之間時:

SFI (%)	油脂狀態	烘烤狀態
低於 15%	油脂與麵團吸附黏結。	烘烤後組織鬆散。
15～25% 豬油:8～22℃ 奶油:10～18℃ 酥油:18～35℃	油脂軟硬度適中,可塑性佳,在麵團中形成網狀組織及薄層狀平均分佈。	烘烤時油脂會逐層融化,與麵團中之麵筋蛋白受熱及糊化澱粉結合,產生起酥性。
大於 40%	油脂硬化,可塑性差。	烘烤後餅質脆硬,風味較差。

〔說明〕因各種類油脂特性不同,所以在烘焙前便要將操作條件(操作環境溫度)配合上述情況一起考量,再決定可塑性、溫度與希望採用的油脂種類。

台式月餅之油酥皮製作

油酥皮的整形操作手續較為繁瑣,除了要先分別備好水皮、油皮麵團之外,在包好後還需經過 2～3 次的擀捲動作,而且每進行完一個操作步驟後,均需鬆弛至少 15 分鐘,否則再擀折時麵筋緊縮,不易操作。

‖ 擀捲法 vs.三折法 ‖

在水皮包入油皮收口整形成圓球狀,鬆弛之後,後續的整形操作方式,以目前商業糕餅界而言,大致有圓柱擀捲法以及三折法兩種。暗酥類成品如蛋黃酥、綠豆凸、蘇式月餅等,層次需切開月餅才看得見的,採用圓柱擀捲法來製作;而明酥類點心如叉燒酥、芋頭酥等,即油酥皮層次明顯外露,則可用三折法來操作較多。

兩種不同的操作方式,雖然擀捲法較為費時費工,三折法省時快速。但以月餅的製作整形而言,則非擀捲法不可,其他的明酥、露餡點心,如大甲的芋頭酥、廣式叉燒酥、蒜蓉酥等,才能使用三折法來製作。

●三折法操作程序

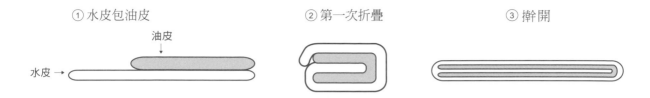

① 水皮包油皮　　　　② 第一次折疊　　　　③ 擀開

油皮

水皮 →

〔說明〕後續將 ③擀 開的麵皮再次重複 ②～③ 的步驟一次，即完成三折法。將麵皮用刀分切開來，即可用
　　　　於製作廣式叉燒酥、潮州月餅等。

‖ 餅皮製作程序 ‖

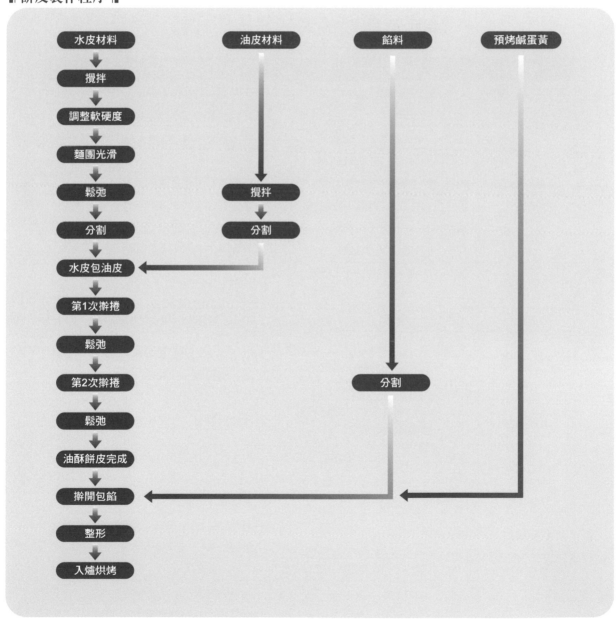

‖操作要訣‖

●水皮麵團攪拌

　水皮材料中的白油、乳化劑與糖慢速攪拌混合，一邊將水慢慢加入混合，在加入過篩麵粉後以中速攪拌麵團至均勻光滑（切忌將麵團攪拌過頭），即可移至工作檯上，準備鬆弛。

●關於鬆弛

　任何種類的麵團在靜置鬆弛時，都需蓋上保鮮膜以防止脫水，否則一旦脫水，麵團表面結皮乾硬龜裂，不但麵皮不好推擀，且包餡收口時會因為失水無法捏合而露餡，收口失敗。

●整形

　操作以兩次擀捲即可，過多次反而會破壞餅皮層次。若為綠豆凸，整形時將收口朝下，放入適當大小之鋼圈模中，再以手掌壓至略凹，使整批生產的月餅形狀能大小一致美觀。取出後確認收口收緊，烤時才不會爆裂。若為蛋黃酥，則雙手併攏，利用小指向上托壓使蛋黃酥外形圓挺即可。

廣式月餅與台式月餅異同比較

評比項目		廣式月餅——漿皮類	台式月餅——油酥皮類
配方材料	麵粉	全部使用低筋麵粉	中筋或高低筋麵粉調配
	糖	轉化糖漿（熬製）	砂糖用量少，不必熬糖
	油脂	液體油（花生油為主，光潤）	豬油為主，酥油（素食）或加入全蛋
	鹼水	調節麵筋筋性、烘烤著色程度	不添加
攪拌方式		混合均勻，麵團切忌揉捏出筋	一定要將水皮麵團揉至出筋
整形方式		使用雕刻花紋、字體圖案模具敲出外形	手工整形或以簡單的不鏽鋼圓形模定形
烘焙方式		高溫烘烤：上火大、下火小，烘焙微上色，出爐刷蛋水再回烤	利用烘及煎的方式以中溫烤，一般上火小、下火大，要翻面煎
外表造型		圓形或方形，外形挺立，有花紋圖案之美	扁圓形（外形代表月亮）
外表顏色		金黃油光、滑潤	雪白（綠豆凸）或烙黃（兩面煎）
產地品質		皮薄餡多，質地細緻柔軟，甘醇甜美，特別是餡純與鹹蛋黃之蛋香，在口中產生獨特之香醇美味	外表酥脆多層次，如雪花片片，餡甜、滷肉香、花果香
內部結構		以烏豆沙、蓮蓉為主，點綴果仁、松子仁，鹹蛋黃象徵月亮	多層次酥鬆，結構較為鬆散
餡心材料		以蓮蓉、伍仁火腿、棗泥松子仁或核桃為主	綠豆沙、白豆沙、滷肉、椒鹽、咖哩……等
品嘗方式		配合茶飲，分切四或六等份	餅形小，一切為二，搭配烏龍茶
代表月餅		廣式月餅	綠豆凸、翻毛月餅、冰沙月餅、蛋黃酥……等
儲存期限		1週～3個月，儲存時間長，包裝耐儲存	1週，紙盒簡裝
單　　價		高價位：NT150～200元 中價位：NT100～150元 市場級：NT100元以下	高價位：NT50～100元 中價位：NT30～50元 市場級：約NT25元

｛冰皮月餅｝

冰皮月餅乃是近年來新式創新的月餅種類，其低油、清爽、不甜膩的風味，再加上冰涼口感與多選擇的餡料滋味，頗受年輕一輩與小朋友的歡迎。

冰皮月餅乃是先將冰皮麵團蒸熟後，以熟皮包入熟餡再整形製成，完全不需經過烘烤，所以除了在製作上的衛生條件要求特別嚴格，舉凡儲存、運送以及購買後至食用前的存放，都需注意冷藏，以免孳生細菌，吃了反而危害健康。

‖ 冰皮之重要組成成分 ‖

● 糕粉

糕粉乃是蒸熟或烤熟的糯米粉，加入水分等材料調成糊因內含糊化的澱粉質，因而能產生Q性，形成彈性佳且柔軟的冰皮麵團。

● 砂糖

砂糖含有水分，經加熱溶解後可釋出水分，除了可使冰皮麵團具有甜味之外，並可使冰皮柔軟。

● 白油

為了保持冰皮的潔白色澤以及清淡的風味，所以使用無味的白油來摻入製作。在冰皮材料中加入白油，可使蒸熟後的冰皮麵團軟且Q，並能增加麵團的柔軟度，有利於操作整形。

‖ 操作要訣 ‖

1 如事先製作熟皮包餡，扣出即為可食用的成品，需注意事前衛生控制，以免受到細菌污染。在商業的生產製作，月餅生產人員從外衣或全身、手套需全部無菌，做好立即冷藏，以防止污染。

2 餡料在使用前，需依國家規定 S.T.冷藏食品原料，立即可食之要求，即生菌數在各國政府衛生要求標準以下，不得含大腸桿菌群，有害人體腸炎球菌、葡萄球菌等。

3 亦可在整形完畢之後，再蒸熟殺菌，只要後續程序不再污染到，就可確認其品質衛生安全。所以成品製作採用何種加工方式，完全視廠家的平日工作衛生習慣是否良好以及工廠的衛生要求如何而定。

‖ 餅皮製作程序 ‖

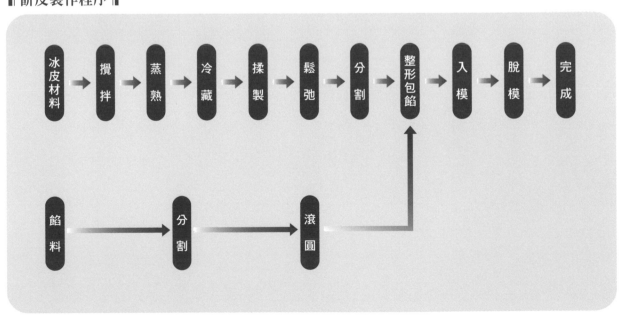

137

｛商業製餡｝

中國食品的各項餡料，最特別為月餅用餡，尤其是廣式月餅，單單餡料就佔了全餅重的六分之五（皮：餡＝1：4～5），而台式月餅的皮餡比也逐漸由早期古式的1：2改良到現在的1：3，蘇式月餅的皮餡比則由1：1改成今日的1：1.5或1：1.7。由此可見月餅餡料在品嘗時所佔的重要性，在今日更有往上提升的趨勢。

‖ 關於商業製餡 ‖

雖然月餅的銷售利潤是傳統糕餅業中最高的，且餡料又是月餅中如此重要的角色，但許多月餅大廠、代工廠商，為何都不自己生產餡料，反而是向餡料廠購買最基本的生餡（豆沙胚），再按廠家自有的秘方來加工炒餡，或直接購買成品餡來使用。其中原因乃在於某些廠家只在中秋節前生產月餅，平日並沒有製作，如果因此而要出資購買一整套做餡機械專門來生產自家用的餡料，十分不划算。

早期民間餡料工廠大半都是在一般民房、利用簡單工具來生產，如果排水不良、四周生活環境蚊蟲多的話，空氣酸臭難耐，產量也不大，且利用鐵鍋加糖油炒出來的紅豆沙顏色也偏深紅，綠豆沙則偏褐紅色。到了中期，則開始使用紅銅鍋或不鏽鋼鍋來煮豆，並開始用瓦斯直火炒煉，而不是早期的木炭或木柴。近期的糕餅業者，因小工廠開始大量投資生產餡料，除了有專用的鍋爐煮豆，從洗豆、煮豆、漂水洗砂到炒煉、脫水、保鮮儲存等，都有自動化機械可代替人工，節省不少人力成本。且在豆餡工廠的衛生控制、污水排放等，政府均有制訂法令規章規定控排，商業製餡也開始全面走上自動電腦化。

做月餅餡看似簡單，量少的自己用果汁機打磨、脫水，加糖油炒製也能生產，因為不添加防腐劑，以此法製餡而成的月餅，因為餡料不耐久藏，常溫三天、冷藏一週內就必須食用完畢。如果要生產不加防腐劑又可以一個月不腐壞的餡料，就是一門大學問了。

‖ 製餡常用豆原料 ‖

● 紅豆：古名赤小豆，中國大陸天津及台灣屏東產為佳，豆皮薄者出沙率高，色澤鮮紅有光。紅竹豆品種則品質較差，加鹼後色澤變黑，通常用來製作烏豆沙餡。

● 綠豆：帶皮綠豆或去皮綠豆仁均可製作綠豆沙餡。

● 白豆：可製成白豆沙餡，以緬甸產白鳳豆品質為最佳。

　1 白小豆：美國產顆粒小、品質較差，澳州產的白小豆品質最差。

　2 白花豆：也可用於製作白豆沙。

　3 扁平豆：緬甸產豆沙多且鬆，容易煮煉，但豆大皮多，收率較差。

● 大白豆：大陸品種砂多，品質較差。

‖ 澱粉結構與炒餡關係 ‖

豆類餡是月餅餡中使用率最高的餡，因豆類澱粉多、蛋白質及脂肪少，極適合製作餡料。利用豆類製餡最重要的就是在蒸或煮豆類時，如何能保持豆澱粉細胞膜不破裂，即使經過機械研磨，也要維持豆澱粉細胞膜完整，後續炒餡時才能使加外油分及糖分都順利地滲透吸入細胞裡，製成的餡料才能潤澤、柔軟、有光澤。

●炒餡之澱粉細胞膜結構圖

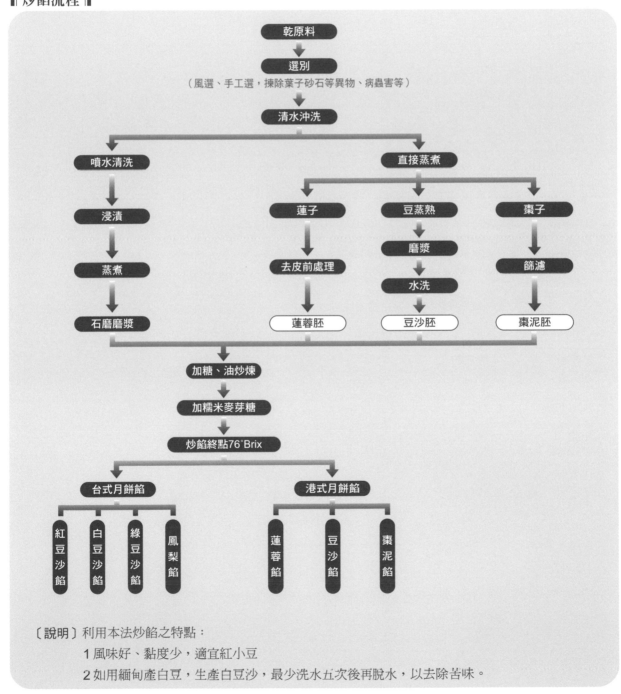

〔說明〕澱粉粒完整，才具有將糖、油、麥芽糖、吸附在澱粉粒內的置換能力，炒好的餡才會有油光反應，切
面光潤、柔軟，烘烤後亦能保住糖油，不瀉油、又清香，月餅冷卻後也不會變形。

‖ 炒餡流程 ‖

乾原料
↓
選別
（風選、手工選，揀除葉子砂石等異物、病蟲害等）
↓
清水沖洗

噴水清洗 ← | → 直接蒸煮

直接蒸煮 → 蓮子 | 豆蒸熟 | 棗子

噴水清洗
↓
浸漬
↓
蒸煮
↓
石磨磨漿

蓮子
↓
去皮前處理
↓
蓮蓉胚

豆蒸熟
↓
磨漿
↓
水洗
↓
豆沙胚

棗子
↓
篩濾
↓
棗泥胚

↓
加糖、油炒煉
↓
加糯米麥芽糖
↓
炒餡終點76°Brix

台式月餅餡
- 紅豆沙餡
- 白豆沙餡
- 綠豆沙餡
- 鳳梨餡

港式月餅餡
- 蓮蓉餡
- 豆沙餡
- 棗泥餡

〔說明〕利用本法炒餡之特點：
1 風味好、黏度少，適宜紅小豆
2 如用緬甸產白豆，生產白豆沙，最少洗水五次後再脫水，以去除苦味。

▌ 炒餡終點之決定條件 ▐

以往炒餡判斷是否炒好，完全是靠師傅的個人經驗。但如今已有各種科學儀器可供測定，不僅可了解終點判斷的原理，更可提供精準的測量標準，讓每次炒餡的品質均能一致。

糖度（Brix）、水活性（AW）、水分含量（炒餡終點時留在餡內之含水量）三者，可作為炒餡終點的判定標準。

● 餅餡條件與儲存天數之關係

糖度 （Brix）	水分含量	水活性 （AW）	儲存天數 （25℃以下）
48°	42.8%	0.925	3 天
70°	27.07%	0.843	8 天
72°	25.64%	0.835	26 天
73°	25%	0.833	29 天
74°	24.19%	0.825	29 天
75°	23.65%	0.816	29 天
76°	22%	0.791	29 天
77°	21.29%	0.772	30 天以上
78°	16.11%	0.72	30 天以上
～ 82°	15.55%	0.712	30 天以上

● 乾原料製生餡收率參考

材料名稱	生餡料	收率
乾燥小紅豆	紅豆沙胚	230%
乾燥白豆 （或四季豆）	白豆沙胚	200%
乾燥綠豆仁	綠豆仁胚	200%
乾燥蓮子	蓮蓉胚	300%
乾燥棗子	棗泥胚	75～78%
新鮮冬瓜	冬瓜泥	20～33%
乾燥豌豆	豆蓉餡	86%
新鮮鳳梨	鳳梨餡	40%

{ 商業餡料特色 }

廣式月餅餡

在各種月餅餡中，只要談起廣式月餅，不僅等於完美的品質，同時也帶給人們品嘗時的愉快回憶。以上主要歸功於廣式餡料含高糖、高油，香味純濃，而烘烤後的月餅外形高貴大方、色澤回油金亮，切開後餅皮、餡料與鹹蛋黃的組成更是三色分明；觀其餡料反光油亮、潤澤並帶有酥鬆蛋油香，而無論是豆沙的清香，紅豆沙的甘甜、棗泥的芳香，都能嘗出大自然的果香味。

廣式月餅餡之中，以紅、白蓮蓉餡、欖仁蓮蓉餡、紅豆沙餡、棗泥核桃餡、棗泥餡、伍仁火腿餡等最受歡迎。但高級餡料的炒煉可謂是一項需具備耐心與技巧的艱難技術，尤其如何能使炒餡的儲存期長久，更是一門深奧的學問。以炒煉的作法而言，手工炒煉因為製程較為簡易，所以相對地保存期限也較短，而工廠機械製餡因為可以更加嚴格地控制品管各項流程並測定標準、殺菌，所以花費的時間長、手續多，但同時也能製作出品質更為優良的月餅餡。

‖ 手工炒餡與工廠製餡之月餅品質差異 ‖

●店鋪銷售

手工自製炒餡手續較簡易，但月餅封袋後必須要在一週內食畢。若想延長儲存期限，若月餅包裝內只能附加脫氧劑，則兩週內仍要銷售食畢。

●工廠營業外銷

保鮮期至少要維持一個月以上，此時要處理的工作就增多了，例如炒餡需提高炒到糖度 78°Brix，月餅烤溫需達到 200～230°C 之間，此外餡用的鹹蛋黃，其鹽漬鹹度及時間均要足夠，以 150°C 預烤 7～8 分鐘，烤完儲存在麻油中以防氧化。烘烤出爐冷卻時要完全冷透，單個月餅包裝最少要達到下列條件：

1 包裝材料需事先經紫外線殺菌

2 真空包裝

五段式封口機封口，內放脫氧劑並充填氮氣，至少可儲存一至兩個月。

‖ 餡料之商業包裝與貯存 ‖

1 小包裝

1～5kg 裝。耐熱真空殺菌袋，軟式包裝，易於現場操作用，然後高溫殺菌，常溫貯存。

2 大包裝

鍍鋅馬口鐵皮製之長方形鐵桶，每桶 20kg，表面上加熱沸油封餡口，在室內陰涼處（25～30°C）可貯存約 90 天。

製作月餅時，要把握決定最後終點炒餡度、包裝材料及包裝方式以及鹹蛋黃的處理，其中只要有一項不合格都屬失敗。若是要製作外銷用的月餅，保鮮期則十分重要，建議在出廠前就有完整的保鮮期測試，以防月餅外銷至國外卻生黴敗壞，損毀商譽。

台式月餅餡

台式月餅餡和廣式月餅餡從原料的使用上乍看差異不大，但台式月餅餡因爲糖、油的用量少，在原料豆的選材上也不若廣式月餅餡那麼地精挑細選，有的加入澱粉或糕粉調整硬度、黏度，所以風味也不像廣式月餅餡般地濃醇、口感也較不細緻，且因爲少油、少糖，在保存時間上也縮短了許多。台式月餅餡便是在早年台灣社會不若現在富裕的年代，所反應出克難式的飲食文化。

‖ 台式傳統豆沙餡製法 ‖

台式早期的傳統月餅皮、餡，含糖、油量都很少，直到近年來，受到日本製菓業與西式、港式糕餅的影響，油、糖等成分逐漸增加，而使月餅皮產生「香」、「酥」、「脆」的口感與芳香。近年來很少看到坊間有糕餅舖持續生產這款少糖、少油、餅皮偏硬脆的傳統台式月餅，餡料以豆蓉、綠豆沙、多瓜餡等爲主，水果餡則乾硬鬆散，餅皮不回油。

● 常見豆沙餡種類

主餡		添加材料	衍生餡料
紅豆沙餡		蜂蜜	蜂蜜紅豆沙餡
		奶油	奶油豆沙餡
		桂圓肉	桂圓豆沙餡
		椰漿、椰粉	椰蓉豆沙餡
白豆沙餡		桂圓肉	桂圓豆沙餡
		牛奶	牛奶豆沙餡
調味餡	白豆沙餡	咖哩香料	咖哩豆沙餡
	綠豆沙餡		
	白豆沙餡	香菇滷肉	香菇滷肉豆沙餡
	綠豆沙餡		

蘇式月餅餡

蘇式月餅與廣式月餅相較之下，無論是餅皮或內餡，都隨性得多。除了油酥餅皮中水皮與油皮的比例並不是制式統一的 1：1，而且因爲蘇式月餅餡善於利用各地特產入料，所以餡料的配方、風味也隨之有很大的不同，以地方口味爲主。

冰皮月餅餡

冰皮月餅之所以在近年廣受歡迎，不外乎其主打健康低熱量以及其清香風味，所以由此可知，冰皮月餅餡料也以風味清香的水果餡爲主流，少用含油、含糖量高的餡料。且由於冰皮月餅不需烘烤，製作及保存上也是全程冷藏，所以冰皮月餅餡所含水量比廣式及台式月餅餡來得高。

{廣式紅蓮蓉餡}

廣式紅蓮蓉堪稱是最優質的蓮蓉月餅餡，因其未經化學食品添加物漂白，且是以銅質二重鍋炒製，利用粗砂糖的焦糖香味及糖快速溶解的滲透力，使紅蓮蓉賦予紅滑、不滲油、清香等特點，滑嫩的芳香紅蓮蓉配上甘香鬆化的優質鹹蛋，塑造出廣式月餅中的極品。

‖ 選材 ‖

製作紅蓮蓉餡應選用頂級的粉紅皮湘蓮，挑選以外皮土紅、皺麻，蓮子橢圓飽滿，且非經日曬之乾燥蓮子為佳。因中國大陸湖南湘潭地區水質、氣候、土壤等條件優異，所栽植出的湘蓮澱粉細滑子粒飽滿，起砂晶潤細滑，最適合產製高級蓮蓉。泰國緬甸各國等東南亞地區雖然也有生產蓮子，但品質較差，缺少蓮蓉特有之清香味。市面上隨手可購得的湘蓮，多半是去外皮、漂白並通芯（除芯）的乾燥蓮子，另也有將湘蓮剖半販售的，但一定要在過年前下訂採購，否則農曆年後立刻被搶購一空，難以購得。另色澤黃白之乾燥蓮子若外皮有刀紋，即表示是以刀剝去外皮，煮時泡沫少，有膠質，味道清香，價格比湘蓮便宜。而泰國、越南等地所產的白色乾燥蓮子，水煮後泡沫多、膠質少，味道不清香，屬2～3級品的蓮子，盡量不要選購。

‖ 蓮蓉餡配方 ‖

茲分原料之不同，不論是以帶皮湘蓮乾燥蓮子或脫皮乾通心白蓮子來產製蓮蓉，原味均為紅蓮蓉所製，而白蓮蓉則為紅蓮蓉經食品級化學藥品（亞硫酸氫鈉）漂白處理漂水，再去除藥味所製成。只要徹底漂洗再製成月餅餡，就吃不出食品漂白劑的二氧化硫殘留味，如果有加入白豆沙混合，則摻的白豆沙愈多，亦愈不容易吃出白蓮蓉的漂白藥味。

材料	烘焙比(%)			
蓮蓉胚	100			
花生油	15～18 或	花生油	6.7	13～15
		豬板油	6.7	
細砂糖	50～60 或	細砂糖	36.6	50～57
		麥芽糖	20	

‖ 製作流程 ‖

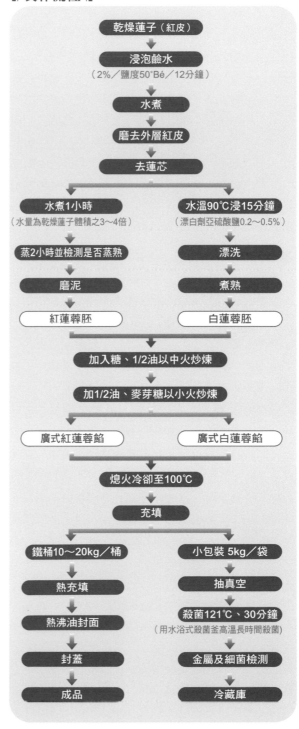

乾燥蓮子（紅皮）
↓
浸泡鹼水
（2%／鹽度50°Bé／12分鐘）
↓
水煮
↓
磨去外層紅皮
↓
去蓮芯
↓
水煮1小時	水溫90℃浸15分鐘
（水量為乾燥蓮子體積之3～4倍）	（漂白劑亞硫酸鹽0.2～0.5%）
↓	↓
蒸2小時並檢測是否蒸熟	漂洗
↓	↓
磨泥	煮熟
↓	↓
紅蓮蓉胚	白蓮蓉胚

加入糖、1/2油以中火炒煉
↓
加1/2油、麥芽糖以小火炒煉
↓
| 廣式紅蓮蓉餡 | 廣式白蓮蓉餡 |

熄火冷卻至100℃
↓
充填

鐵桶10～20kg／桶	小包裝 5kg／袋
↓	↓
熱充填	抽真空
↓	↓
熱沸油封面	殺菌121℃、30分鐘
	（用水浴式殺菌釜高溫長時間殺菌）
↓	↓
封蓋	金屬及細菌檢測
↓	↓
成品	冷藏庫

▎製程重點說明 ▎

●選別

挑除遭病蟲害、未熟之蓮子以及砂石等雜物後再水洗清淨。

●鹼水浸漬

浸漬鹼水乃是為了腐蝕去除蓮子之紅膜外皮。最初在桶浸漬時，需用木漿翻動上下拌勻，過 3～4 分鐘後再攪拌一次，依此最少翻拌三次，使每粒蓮子都均勻受到鹼水浸漬。最佳鹼度與浸漬時間控制在 10～12 分鐘，此段期間內應多取幾次蓮子，用水沖洗手搓一下，以測試紅色外膜是否可輕易除去。但如果鹼度太強，鹼水苦味浸入子實內則失敗。所以最好先取少量鹼水，作浸鹼時間的控制試驗，才是避免失敗的最佳方法。蓮子去皮膜若能成功，炒餡也等於成功了一半。

●磨除皮膜

用不鏽鋼製漏杓將蓮子撈起瀝乾，倒入已預先煮滾的沸水鍋中，快速翻動使外層的蠟膜高溫熟化、脫鹼、易脫皮，如此煮 5～6 分鐘，應有 70% 以上已脫皮。測試方法乃取出少許蓮子浸入冷水中，如果用手即可輕易搓去外皮，即表示脫皮成功，可以撈出蓮子。

如果浸泡鹼水的時間控制不準或是翻動不夠均勻，蓮子在煮後均不易脫除蠟膜，或導致脫皮不完全。此時也不宜以延長煮熟時間來煮爛蓮子，以改善不易脫皮的狀況，因為此法會使蓮肉含有鹼水的苦味，不宜嘗試。以上均關係到採購時蓮農鮮蓮子乾燥方法（以陰乾為佳）、乾燥程度、蓮子品種以及鹼水的強度。

為避免失敗，建議可先取少量蓮子樣品，依上述全流程測試流程中之時間、溫度、鹼度等條件，先作 1～2 次之少量操作，如果試做均成功，再進行大量製作即可。其實只要將時間控制好，就能達成完美的作業條件，所以鹼水的濃度、溫度以及浸漬時間均要精確記錄並隨時控制，各階段終點都要設定警鈴以協助提醒測試確認。

●冷卻 & 滾磨脫皮

有二種方法可選擇：

1 **手工**：將煮好蓮子放在竹製畚箕內，再將畚箕放在冷水大盆中，雙手戴手套，在盆內來回上下擦脫外皮，直到全部脫皮完全。

2 **機械**：將煮好的蓮子置於選別機之滾動長筒內（桶內有孔洞），長筒會一邊滾動、一邊噴水，可使蓮子在筒內相互摩擦以去除外皮。香港地區多採用此法。

●去蓮芯

利用牙籤推出去含苦味的蓮芯，同時放入流水中漂除鹼水味，可用試紙測 pH 值以及實際品嘗作為測試確認，至達到 pH 中性為止。最後為求安全慎重，漂水時需再加磷酸鹽 0.24%（對水 100%），以調整蓮子所吸附或未沖淨的鹼水。

●蒸煮

將確認味道已不苦且去完蓮芯之蓮子，放入蒸籠內蒸煮，至可用手指輕易壓搓成泥的程度。若使用去皮乾燥蓮子則較容易，先水煮 1 小時，撈出再蒸 2 小時至熟（即用鐵絲可輕易插入蓮子中）；如果使用除去蓮芯的漂水蓮子製作白蓮蓉，蒸煮時則放入 90°C 熱水，並加入可食漂白劑（亞硫酸鹽）0.2～0.5%（對水容積重 100%），浸泡 15 分鐘，再取出漂洗、煮熟，即為白蓮蓉。

●磨泥

蓮子在水煮之前嚴禁浸水，否則蓮子難以煮熟，需延長水煮時間。蒸熟後趁熱磨泥，可用手工方式，用擀麵棍壓磨蓮子成泥，或是將煮熟蓮子放入橫式研磨機中磨碎，接著將蓮蓉泥置於 80 目濾網或篩濾機中（最細篩孔）壓成泥狀，即為蓮蓉胚，可直接進行炒煉程序。特別要注意的是，此蓮蓉胚不必漂水，亦不可脫水太乾，因為漂水後炒好的蓮蓉餡不耐久存，脫水太乾亦容易腐敗。

以上無論是手工或機械磨泥，均不可磨得太細或利用果汁機或磨泥機磨泥，否則破壞細胞壁則風味

不佳。磨成蓮蓉胚後需在 1～2 個小時內趁熱炒煉，若蓮蓉胚儲放過久，蓮胚表面成一層膠膜，便無法再進行炒製。

●炒煉（約 2 小時）

炒煉過程中需先以大火煮餡至起小水泡時，改小火炒至餡料濃縮收乾、難以翻動時，加入 60℃ 的融化麥芽糖，持續炒至不黏手或熱測糖度達 75˚Brix，即須迅速起鍋攤開冷卻，以防止焦化。

〔說明〕舊蓮子不易煮熟，為了使蓮蓉胚澱粉完全糊化，用小火炒煉時翻拌動作要快，以防焦底。炒愈久則愈香，蓮蓉餡也愈 Q；炒餡時間短，蓮蓉餡鬆散，糊化不完全且口感不 Q。

●加料方式

若想在蓮蓉餡內加入瓜子仁或松子仁，切記不要用攪拌機攪拌，因為如此會將空氣混入餡料中，月餅烘烤後餅皮會烤裂、皮餡脫離。正確作法應以用手將堅果拌入，即可減少拌入過多空氣。

二重鍋炒煉法

香港、上海等地多用蒸氣式二重鍋炒熟蓮蓉餡。以蒸氣加熱，開始時放入蓮蓉胚、水、1/2 油（若配方中有摻入豆沙亦於此時加入），以 2～3kg／cm² 壓力，初時會起大水泡，待炒到大水泡轉為中水泡時，蒸氣立刻降至 1.5kg／cm²，並將剩餘 1/2 的油加入炒煉。若太快加入油，蓮蓉澱粉糊化後吸油會不足，待蓮蓉餡冷卻後油餡會分離，且不耐久藏。

待水泡再變得更小時，將蒸氣壓力降到 1kg／cm²，並加入 60℃ 的融化麥芽糖，攪拌 1～2 分鐘，至不黏手及二重鍋時，測終點應達 76˚Brix、含水量 20%、pH6.8。切勿炒得太乾，冷卻後要如同耳垂般柔軟度即可。

▎廣式蓮蓉餡配方 ▎

原 料	烘焙比(%)			
	配方 A	配方 B	配方 C	配方 D
蓮蓉胚	50%	100%	100%	蓮蓉餡 100%
白豆沙胚	50%	—	—	—
生沙拉油	25.3%	25%	—	—
細砂糖	55.6%	56%	50%	—
水	2.5%	—	—	—
麥芽糖	30.3%	—	10%	—
豬油	—	—	50%	—
欖仁肉	—	—	—	11.2%
山梨醇	—	—	—	2.2%
合計	213.7%	181%	210%	113.4%

〔特殊製程說明〕

配方 B　蓮蓉胚＋1/2 油＋1/2 糖 → 小火慢炒至糖溶化 → 加入 1/2 油＋1/2 糖 → 小火慢炒至糖溶化 → 熬炒約 90 分鐘（炒太久，會生硬粒）→ 冷測終點糖度 76˚Brix。

配方 D　炒熱含糖餡，加入欖仁肉拌勻即可。

▎蓮蓉調製餡 ▎

●蓮蓉玫瑰餡

蓮蓉餡 100%＋糖玫瑰花 5%＋X.O 酒 3.75%

〔製法〕將以上材料以手混勻即可。

●蛋黃蓮蓉餡

白蓮蓉餡 100%＋起司粉 8%＋白蘭地酒 9%＋白油 16%＋蒸熟鹹蛋黃 35%（打碎）

〔製法〕將以上材料全部混合即可。熱混則用機械攪拌，若冷混入則用手拌勻即可。

{ 廣式台式紅豆沙餡 }

紅豆沙餡的製作可說是月餅豆沙餡之標準。正規製作豆類餡，需經過加水煮熟、水洗去皮去澀、粗磨，進而才能得到游離狀態的良質澱粉粒。形成糊狀之澱粉粒，再經脫水、添加糖油炒煉，將糖、油滲透轉化作用到澱粉細胞內，最終才形成耐儲存之高品質餡料，以上是為所有豆類餡料的標準製程。生餡或餡胚之平均含水量約為 50%，再經加入糖、油炒煉製作月餅餡後，其平均糖度為 78°Brix，含水量則在 25% 以下。

‖ 選材 ‖

紅豆必須選用新鮮且適合加工的品種，如此才容易煮熟，味道清香，色澤美。若是選用老舊的紅豆，需要水煮 2～3 小時才能煮熟，十分不理想，不可選用。台灣產紅豆以屏東的大粒紅豆品質最優良，專門外銷日本。

‖ 紅豆沙餡配方 ‖

材料	烘焙比(%)
紅豆沙胚	100
蔗糖	70
麥芽糖	10
花生油（或奶油、豬油）	20～30
安定保水劑（焦磷酸鉀）	0.2
防腐劑（山梨醇鉀）	0.1
水	15
合計	215.3～245.3

紅豆沙胚製法請參照本書 P.49。在工廠大量製作時，以下幾點需特別注意：

• 煮豆水量

先加水至與豆粒表面同高，然後再多加至高於豆粒 1～1.5cm 的水即足夠。

• 煮豆火候

以大火（如用蒸氣為 $3kg/cm^2$）煮沸後，改中火（蒸氣 $2kg/cm^2$），再改小火（蒸氣 $1kg/cm^2$），燜煮到豆子可兩指輕壓成粉泥狀時熄火，勿開蓋續燜 30 分鐘。如用大火久煮，豆粒皮破，澱粉由 α 化轉到 β 化糊化成泥，湯黏濃稠則不佳；如未煮到二指壓成粉泥狀，則豆類澱粉膨脹糊化不完全，豆沙粒粗糙、不細緻。

如改用壓力鍋煮豆，浸好水之原料豆加入 1.5 倍原浸豆體積的水，壓力調至 $0.3kg/cm^2$ 以下，30 分鐘後熄火燜 30 分鐘，即可進行後續的冷卻步驟。

原料豆選材品管重點特色

等級	特點	不漂水	漂水後
一等品級	收率高，潤口而不黏，耐久儲	豆沙較黏容易成團，色澤紅，豆香味濃	豆沙黏性較差，鬆散易分散，色澤淡，味道清香，顆粒細緻
一般等級	收率中等		
次級品種	不滑潤，不夠爽口，價格便宜，收率低	不滑潤，不夠爽口，價格便宜，收率低	味苦，豆沙顆粒較粗，製作時若不留意易有苦味

〔關於收率〕1kg 乾豆在煮熟、去皮脫水後，重量不能少於 2.0～2.5 公斤（亦即收率要達到 200～250% 以上），超過及不足均會影響炒豆沙餡的成功或失敗。

▌製程重點說明▌

●選別

1 風選（粗選）

原料紅小豆在廠外先粗選去雜枝、豆葉、小砂石，可用古式風車或電動鼓風機去除灰塵，過磅入袋後再將原料儲放在通風良好之倉庫。

2 精選

粗選過之小紅豆，在日本有所謂電腦比色選別機，乃利用色彩差別原理，去除異種豆、病蟲害豆，可省卻大量人工。若利用人工選別，則將原料豆倒入有邊之不鏽鋼桌，一一挑除有病蟲害、小石子、未熟豆、小枝、異色豆以及風選無法去除如紅豆般大小的砂石。待精選完成，即可收集良品過磅入袋，送入待用倉庫以供加工之用。若餡料加工廠有產製不同種用途之紅豆餡，則在精選後，原料豆還要再依其直徑大小做三種分級處理，儲存倉庫隨時可作加工生豆餡用。

●分級

小紅豆在經粗選、精選分級後，可依其直徑分為以下三種用途：

1 直徑 4〜6mm：中點及西點、蜜紅豆。

2 直徑 2〜4mm：紅豆沙與紅豆混合的豆沙包、日式洋菓子。

●水洗

最好經噴水振盪式洗豆機處理水洗，效果較佳。

●煮豆

1 浸漬煮豆法

適合量小時加工用，耗水量大，一不注意便很容易發酵變酸，唯一的好處是可去除外皮所含苦味。因豆類經過浸漬的關係，煮豆時間會拉長，洗出的豆沙胚顏色較淡。一般較新的乾燥紅豆，其浸水時間為：

• 夏天：12〜13 小時，於夜晚浸泡以避免高溫發酵。浸水時需開流水沖浸，完成後再換水 2〜3 次洗淨紅豆，至下午時開始煮豆。

• 冬天：20 小時或更長。

2 直接煮豆法

洗好豆放入冷水中以大火煮沸後，改中火煮至熟透（二指輕壓即可搓壓成粉泥狀），再改小火燜煮 30 分鐘。小型工廠要特別小心，當以直火煮至豆快爆裂、皮破時，會有少許豆沙跑出沉入鍋底，此時極易煮焦底，所以熄火燜豆可防止豆沙因豆皮破裂滲出，而且沉鍋易焦底的雙重問題。

3 工業煮豆法

工業煮豆，尤其是以紅竹豆作為原材料做紅豆沙時，pH 很容易會降到 6.5 以下，此時豆沙就會產生苦味。防止之道，必須先用碳酸氫鈉將水的 pH 升到 9，再添加 2% 磷酸鹽於煮豆水內，使煮豆水很穩定保持在 pH9，之後每隔 1 小時就用此鹼水浸泡紅竹豆，1 小時後即放掉浸豆水，再用磷酸鹽處理浸水，以調整 pH 值至中性。以上浸豆換鹼水步驟要重覆 4〜5 次，經此處理過後，煮好紅竹豆之 pH 就會由 9 降至 7，剛好調整至煮熟後期望理想之 pH 值（6.5 以上），如此製作出的紅豆沙胚就不會苦了。

煮豆易犯的錯誤

煮豆看似簡單，卻包藏了許多重要的技巧，不為一般讀者所知。煮豆常發生的二個問題，一個是直接加入小蘇打煮豆，煮好了卻沒經漂水去除鹼性，只是單純地脫去豆皮；而且加入小蘇打煮豆的豆沙澱粉在此時根本還未煮至膨脹，在吸水不足卻又強硬去皮的情況下，一經磨碎後，豆沙澱粉細胞全部被破壞殆盡。未經漂洗的紅豆鹼性強，煮成豆沙後則色澤暗紅、味苦。另一個問題是，許多人為了使豆快熟，煮豆時加入太多的水，結果大火煮時豆子在鍋中大力翻滾，嚴重破壞了豆沙的澱粉細胞。由此可知，煮豆無論是未熟或過熟均不可行。

工業煮豆法之實際操作

將乾燥紅竹豆洗好後吊入二重鍋內，用前述磷酸鹽調升浸漬水 pH 至 9，浸泡 7 ～ 8 小時後，不將浸漬水排掉，直接入二重鍋內蒸煮第一次，讓煮豆水微沸騰，蒸氣壓保持在 1.0 kg/cm²。煮 20 ～ 30 分後，排掉此浸漬苦液，以幫浦吸取高架溫水桶內 60°C 水溫的水，通入煮豆二重鍋內，使水溫熱後才能將紅竹豆所含苦味成分洗掉，而且又可作循環設備，洗苦效果更佳。值得注意的是，通入二重鍋的水溫最好保持 60°C，以免在去除苦水的煮豆過程，低溫冷水浸漬紅豆，會造成豆粒表面自然收縮，令煮豆不良。循環水溫維持 5 ～ 10 分鐘，開始再煮豆約 1 小時 20 分，乾燥紅竹豆放在不鏽鋼籃內約佔 70% 的籃容積，待豆煮至熟時將會膨脹到 95% 的籃容積。煮熟後，不可立刻開蓋，讓紅豆在鍋內續燜 30 分鐘，才不會使豆皮破裂。若煮好的豆破皮多，則顯示煮過頭，澱粉細胞已破裂，炒餡易失敗。

●磨泥

待紅豆煮至用手指輕搓壓即成泥漿的程度，即可進行磨泥程序。煮熟紅豆不可用塑膠製品來磨，以免破壞紅豆澱粉細胞。可用石磨加水研磨，石磨細度 40 ～ 60 目，若希望再細一點，亦可磨至 80 目，澱粉粒細胞也不會破。

水洗磨 80 目之豆沙漿，可將內含之豆膠洗除，即得清水，排放出去也不易污染環境。依上述過程一共攪拌水洗兩次即可。

若以手工製餡，磨泥篩濾則一同進行，將煮熟豆置於濾網內，用橡皮刮刀或木質平杓，在濾網上浸水刮濾，此時豆皮與豆沙即分離，豆沙亦沉入水盆中，漂水後直接脫水，不必再經篩濾。

●漂水

濾出的豆沙需再經漂水沉澱，以去除苦味。若要製成高級紅豆沙，漂水時用冰水洗沙，紅豆沙的色澤就會十分紅亮。且夏天用冰水漂洗，熱脹冷縮亦有助於洗脫豆皮。若為工業大量製法，因為水洗紅豆沙會去除豆沙黏性，所以需添加適量植物膠補足黏性。

●篩濾

沉澱桶底之紅豆沙，則利用篩濾機除去被磨碎之豆皮，留下生豆沙。濾網規格以 50 ～ 60 目為標準，最細可至 80 目。

●脫水

將所得之生豆沙裝入化學編織袋，再放入脫水機脫水。脫水時需注意以下重點：

1 豆沙胚脫水勿過乾

因為在炒煉時所添加的糖、油，在與生豆沙一齊高溫加熱時，糖會逐漸溶化且生豆沙會出水，糖與水互相交換，才能滲透到澱粉細胞內。且生豆沙胚在略呈酸性的情況下與糖一起炒煉，會使糖轉化成為轉化糖，炒好之豆沙吸油、糖飽滿，芳香又具 Q 性，不易結晶，才能成為最佳品質之廣式紅豆沙餡。所以製作豆沙餡時，寧可減少配方內的水或甚至不添加，讓生豆沙含水量稍高一點，炒煉出來的效果會比再另外加水於脫水太乾的豆沙中更佳。

2 豆沙胚脫水太乾，另外再加水炒

若豆沙胚脫水太乾，則炒煉時添加之糖、油不易炒入豆沙澱粉內，尤其若開大火炒則更易失敗，利用此失敗豆沙餡製作的月餅，烤後易變形，且砂糖會結晶、豆沙不香、不 Q，豆沙餡軟硬度不佳。

3 脫水生餡要立刻用畢

天氣熱則豆沙胚很容易發酵變酸，若存放在 4°C 冷藏庫，則可延長一天的保存期限。每公克的豆沙胚其生菌數量要控制在 10 萬個以下，不可含大腸菌，水質中所含的鐵成分保持在 0.2ppm 以內，石灰質亦不能太高，對炒餡的軟硬、香 Q 都有影響。

4 豆沙胚收率決定炒煉是否加水

1kg 乾豆製成的紅豆沙胚，脫水後在 2.0kg ～ 2.5kg 之間者（即收率為 200 ～ 250%）均屬正常，炒煉餡時就不必再另外加水，製成的紅豆沙餡風味最佳。

●炒煉

　一開始炒煉時，豆沙胚、糖、油在鍋中使其自然煮溶即可，不必過於攪動，否則會有膠黏效果。若是手工炒餡，當手炒至需費力時，即表餡料濃稠，可加入麥芽糖，炒勻後改小火，每隔一段時間就要測終點糖度，以決定炒餡是否完成。

　若炒好的豆沙餡質地不夠細潤，主要是因為豆沙澱粉細胞在煮豆時煮得太爛，或者煮不夠爛卻被硬磨打碎澱粉細胞，炒不入糖油所致。

●廣式紅豆沙餡檢測標準

檢測項目	檢測結果
Brix	74°～78°
pH	5.5～6.5
水分	15～20%
生菌數檢測	100000 個/g
有害菌檢測	陰性

關於炒餡用料

- **油脂**：炒煉時的油脂，最好是採用加入調和花生油，以免花生油味道太濃郁，而影響到品嘗時的風味。
- **麥芽糖**：炒製各種餡料，均可加入老式麥芽糖，其黏性較一般麥芽糖大，炒製成的餡料切面十分光亮。
- **麥芽糖漿**：可用高糖度之麥芽糖漿（糖度80°Brix）代替蔗糖20%的用量，即可得含糖量50%之紅豆沙餡，久儲亦不容易生黴，也不影響月餅口感。

港台生豆沙製程異同比較

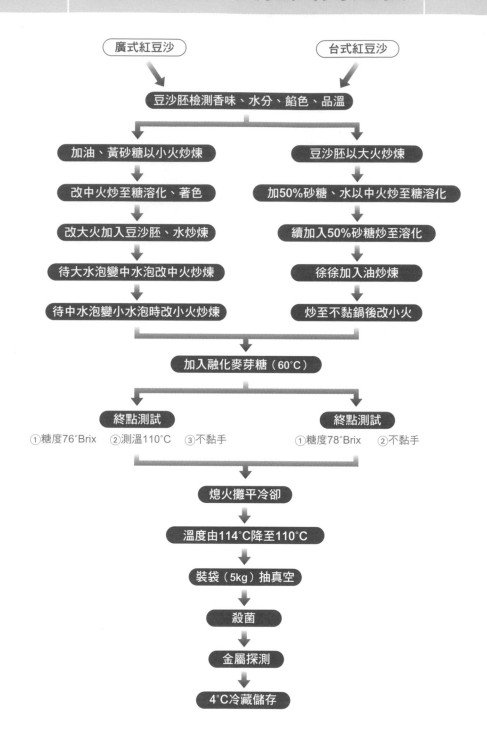

```
        廣式紅豆沙                              台式紅豆沙
             ↓                                    ↓
        豆沙胚檢測香味、水分、餡色、品溫

   加油、黃砂糖以小火炒煉            豆沙胚以大火炒煉
             ↓                                    ↓
   改中火炒至糖溶化、著色        加50%砂糖、水以中火炒至糖溶化
             ↓                                    ↓
   改大火加入豆沙胚、水炒煉        續加入50%砂糖炒至溶化
             ↓                                    ↓
   待大水泡變中水泡改中火炒煉        徐徐加入油炒煉
             ↓                                    ↓
   待中水泡變小水泡時改小火炒煉      炒至不黏鍋後改小火

            加入融化麥芽糖（60°C）

        終點測試                        終點測試
①糖度76°Brix  ②測溫110°C  ③不黏手    ①糖度78°Brix  ②不黏手

              熄火攤平冷卻
                  ↓
           溫度由114°C降至110°C
                  ↓
            裝袋（5kg）抽真空
                  ↓
                殺菌
                  ↓
               金屬探測
                  ↓
             4°C冷藏儲存
```

●紅豆沙餡品管控制與簡算

　1kg 乾燥紅豆煮熟後應得：

❶ 含皮生餡 2.5kg，亦即收率 250%。

❷ 去皮生餡 1.75 ～ 2.3kg，亦即收率 175 ～ 230%。

{廣式棗泥餡}

棗泥餡乃以黑棗、紅棗等棗類加糖炒煉而成,收率低,因而價格也不便宜。廣式棗泥餡風味以清香為主,可充分表現出廣式月餅的溫潤質感。配方中若再添加其他種類的棗子,如蜜棗,調配出的棗泥餡則會呈現較為濃郁的風味。清香或濃香,均可隨廠家視銷售地區消費者偏好而自由調配。而廣式及北平式的棗泥餡,早期還會加入豬油調整餡的軟硬度,以利於整形成團容易包餡,近年後期已少有這種作法。

炒煉好的棗泥餡若酸味不足,可再添加風味自然的蘋果酸以補不足,添加量的多寡則視採用原料棗的加工法之不同而有所差異。最好是以品管測試,將 pH 調至 4 ～ 4.5 之間較佳。

‖ 選材 ‖

不同種類的原料棗,其風味各有不同,在調製棗泥餡配方前,亦需一一確認原料棗風味,以防炒製的棗泥餡過酸或過甜。

● 紅棗:肉甜、清香,以肉質飽滿,沒有病蟲害者為佳,需小心選購。

● 大紅棗:酸甜、清香,肉質多,果核佔總體積之 15 ～ 20%。

● 黑棗:乃紅棗煙燻而成,帶有煙燻味,以山東省所產品質較佳,芳香清甜、肉質緊黏,不可有怪味或酸味。

● 蜜棗:味甜,肉質多。

‖ 棗泥餡配方 ‖

材料	烘焙比(%)
煙燻大粒黑棗	50
無核小紅棗	20
無核大粒紅棗	20
無核蜜棗	10
細砂糖	50
麥芽糖(60℃)	18.75
鹽	0.3
合計	169.05

‖ 製作流程 ‖

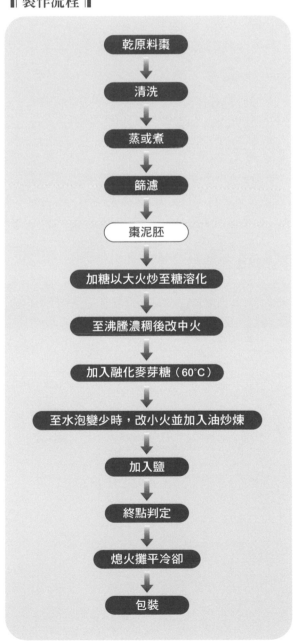

乾原料棗 → 清洗 → 蒸或煮 → 篩濾 → 棗泥胚 → 加糖以大火炒至糖溶化 → 至沸騰濃稠後改中火 → 加入融化麥芽糖(60℃) → 至水泡變少時,改小火並加入油炒煉 → 加入鹽 → 終點判定 → 熄火攤平冷卻 → 包裝

‖ 製程重點說明 ‖

● 選別

原料棗：以大陸山東、河北等地所產之黑棗、紅棗品質最佳，肉質最甜美。

● 水洗

以水洗去原料棗外皮沾附之泥砂以及病蟲害。

● 蒸熟

將洗淨之原料棗入放入蒸籠內，以大火蒸 60 分鐘至熟爛。

● 瀝乾

將蒸棗的水倒除，留下瀝乾的棗子。

● 磨泥篩濾

先將煮爛的棗用棍攪成漿，或用攪拌機攪碎成泥，放在 50 目篩網上用刮板壓濾，使棗皮與棗泥分離。亦可用自動篩濾機，除去棗皮及棗核，篩濾出的棗泥即為棗泥胚。

● 炒煉

將棗泥胚、細砂糖放入紅銅合金直火式二重鍋，以大火煮至砂糖溶化，待沸騰稍濃稠時改中火，加入已預熱至 60°C 的融化麥芽糖攪拌熬炒，至小水泡變少時再開始慢慢加入油炒，最後加入鹽，炒至不黏鍋時熄火續炒 1 分鐘即可。整個炒煉過程約 1 小時，至炒餡終點時即熄火速取出攤平，進行冷卻包裝等程序。

‖ 市售棗泥餡配方 ‖

材料	烘焙百分比(%)				
	配方 A	配方 B	配方 C	配方 D	配方 E
棗泥胚	100	100	棗泥餡 100	棗泥餡 100	100
紅豆沙胚	100	120	—	—	—
細砂糖	100	110	—	—	100
麥芽糖	30	20	—	—	—
沙拉油	50	40			花生油 31
					豬油 20
桂圓肉（切碎）	10	—	—	—	—
烤熟核桃仁	—	—	6	—	30
糕粉	—	—	2	—	5
冰肉	—	—	4	—	—
綠茶粉	—	—	—	4	—
鹽	0.7	—	—	—	—
合計	390.7	390	112	104	286

{ 廣式伍仁火腿餡 }

伍仁餡用料高級豐富，以所指的五種果仁而言，瓜子、核桃、松子、橄欖仁及芝麻，都是極具健康養生價值且價格昂貴的滋補食材，以此所製成的伍仁餡價格自然不匪。且因為伍仁餡是以堅果類為主體的餡，堅果含油脂量高，很容易因保存不當或陳舊而產生油耗味，所以如果用料沒有精挑細選，伍仁餡的失敗機率便極高。

▌選材 ▌

伍仁餡之所以稱為「伍仁」，便是其用料包含瓜子、核桃、松子、橄欖仁及芝麻一共五種堅果。而除了芝麻還多了一道水選的步驟外，所有堅果類均是以用料新鮮為最大的選別原則。

除了上述五仁，廣式伍仁餡通常還會加入著名的金華火腿增加風味，所以加了火腿的餡又稱「伍仁金腿餡」。而配方中的冰肉、糕粉、糖漿，都是為了幫助組織鬆散的伍仁餡凝結成團，容易操作。

▌廣式伍仁火腿餡配方 ▌

材料	烘焙比(%)
冰肉（切丁）	6
糕粉	8.6
高粱酒	6
蜂蜜	4.1
麻油	3.22
日本醬油	1.5
熟花生油	3.22
鹽	1
胡椒油	0.1
糖粉	14
瓜子仁	6
核桃仁	12
松子仁	3
橄欖仁（切碎）	3
味精	0.2
桔餅（切碎）	3
冬瓜糖（切碎）	12
玫瑰醬	5.3
糖粉	14.3
白芝麻	3
火腿	6
合計	116

●事前準備

1 瓜子仁、核桃仁、松子仁：事先以150℃烤熟。

2 橄欖仁、桔餅、冬瓜糖均切成0.5cm小丁。

3 白芝麻：水選後洗去砂石、炒熟。

4 火腿：水煮去不良油脂，只取紅色瘦肉部分，切成0.5cm小丁。

▌製作流程 ▌

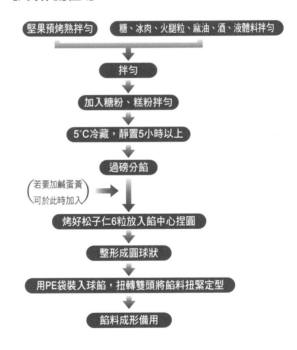

堅果預烤熟拌勻　　糖、冰肉、火腿粒、麻油、酒、液體料拌勻
↓
拌勻
↓
加入糖粉、糕粉拌勻
↓
5℃冷藏，靜置5小時以上
↓
過磅分餡
↓
（若要加鹹蛋黃）可於此時加入 →
↓
烤好松子仁6粒放入餡中心捏圓
↓
整形成圓球狀
↓
用PE袋裝入球餡，扭轉雙頭將餡料扭緊定型
↓
餡料成形備用

▌製程重點說明 ▌

●選別

芝麻需漂水，取上層漂浮之良質芝麻使用。

●攪拌

伍仁餡因材料以堅果類為主，材料粒粒分明且又不吸水，不易攪拌，所以在攪拌時，無論是手工或利用機具，都要慢速拌勻，以免拌入空氣，使月餅在烤焙時爆裂。

{台式蓮蓉餡}

　　台式蓮蓉餡為了節省製作成本,配方中習慣添加白豆沙以幫助餡料成形,所以在評價上自然不及廣式蓮蓉餡。不過添加白豆沙是為了調整蓮蓉炒餡的軟硬度,但白豆沙若添加過量會使蓮蓉餡失去風味,此乃製作上特別需要留意之處。

‖ 選材 ‖

　　製作蓮蓉餡,無論是廣式或台式蓮蓉餡,選材上還是以中國湖南湘潭地區所產的湘蓮為最頂級。挑選以外皮土紅、皺麻,蓮子橢圓飽滿,且非經日曬之乾燥蓮子為佳。而泰國、越南等地所產的白色乾燥蓮子,水煮後泡沫多、膠質少,味道不清香,屬2～3級品的蓮子,盡量不要選購。以下所示範配方乃是以新鮮蓮子來炒餡,製成的蓮蓉餡風味亦清香可口,若炒餡技巧掌握得好,在夏季盛產期時不妨可以新鮮蓮子試作。

‖ 台式蓮蓉餡配方 ‖

材料	烘焙比(%)
新鮮蓮子	100
細砂糖	60
酥油	20
轉化糖漿	15
麥芽糖	10
鹽	0.8
合計	226

※ 若蓮子品質不佳、炒餡質地不夠黏稠時,可酌量添加澄粉以使蓮蓉餡更加黏稠。

‖ 製程重點說明 ‖

● 炒煉

　　澄粉要加入鍋中炒時需少量邊篩邊炒,否則容易結粒,或者可加少許水調勻後加入鍋內快速小火慢炒,但速度要快否則亦容易結粒。

‖ 製作流程 ‖

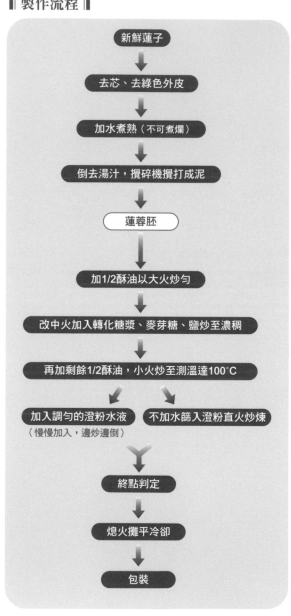

新鮮蓮子
↓
去芯、去綠色外皮
↓
加水煮熟(不可煮爛)
↓
倒去湯汁,攪碎機攪打成泥
↓
蓮蓉胚
↓
加1/2酥油以大火炒勻
↓
改中火加入轉化糖漿、麥芽糖、鹽炒至濃稠
↓
再加剩餘1/2酥油,小火炒至測溫達100°C
↓　　　　　↓
加入調勻的澄粉水液　　不加水篩入澄粉直火炒煉
(慢慢加入,邊炒邊倒)
↓
終點判定
↓
熄火攤平冷卻
↓
包裝

{台式伍仁餡}

相同是為節省成本，台式伍仁餡與廣式伍仁餡最大的不同，在於沒有添加橄欖仁，而是以冬瓜糖等類價格較為低廉的食材來取代，此外也添加了大量的粉料（熟麵粉）以添加餡料的黏結性。但原則上瓜子仁、核桃仁、芝麻仁、松子仁等數種堅果類在使用上，還是維持一定數量。

‖選材‖

核果、堅果類的選材，因為食材本身含油量高，所以唯一最需要注意的便是新鮮度，以免久置產生油耗味。

‖台式伍仁餡配方‖

材料	烘焙比(%)
熟麵粉	100
酥油	80
鹽	0.9
轉化糖漿	80
杏仁粒	25
瓜子仁	25
核桃仁	25
白芝麻	25
松子仁	25
合計	386

●事前準備

• 松子仁、芝麻、核桃以150℃烤約5～15分鐘。

• 核桃仁取出切碎。

‖製作流程‖

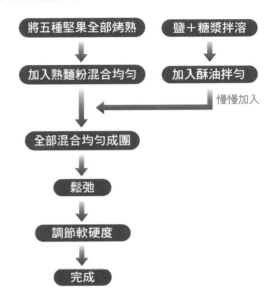

‖製程重點說明‖

●攪拌

伍仁餡因為材料以堅果類為主，材料粒粒分明且又不吸水，不易攪拌，所以在攪拌時，無論是手工或利用機具，都要慢速拌勻，以免拌入空氣，使月餅在烤焙時爆裂。

●調節軟硬度

鬆弛後若餡太硬，可加少許豬油、酥油或白油調整其軟硬度。

{油蔥蛋黃酥餡}

油蔥蛋黃酥餡乃是以油蔥酥香味為主的鹹餡料，蔥香濃郁，屬於古早味的月餅餡。油蔥蛋黃酥餡在早期農業社會時代較多店舖在生產，但現今較時興養生或水果口味的月餅餡，所以已經較少製作販售。

▌選材 ▌

單純將配方中的材料加熱混拌均勻即成，屬於調和餡的一種。選材上較為單純，但因油蔥蛋黃酥乃是以油蔥酥的香味為主味，所以油蔥酥最好是以自己廠房油炸為佳，勿購買現成品，較能掌握油蔥酥之香味與品質。

▌油蔥蛋黃酥餡配方 ▌

材料	烘焙比(%)
白豆沙餡	100
鹹蛋黃（打碎）	5
無鹽奶油	16
鹽	0.63
油蔥酥	2.6
合計	124

▌製程重點說明 ▌

●攪拌

1 鹹蛋黃可用少許酒浸泡片刻，再連同酒一起打碎加入，蛋黃香味更加濃郁。

2 融化奶油應分次加入，不必一次加完，應視餡料吸油情況再作調整。

▌製作流程 ▌

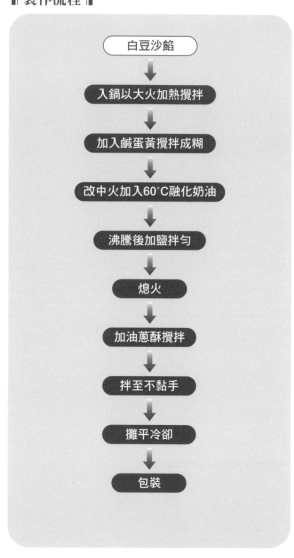

白豆沙餡
↓
入鍋以大火加熱攪拌
↓
加入鹹蛋黃攪拌成糊
↓
改中火加入60°C融化奶油
↓
沸騰後加鹽拌勻
↓
熄火
↓
加油蔥酥攪拌
↓
拌至不黏手
↓
攤平冷卻
↓
包裝

{傳統綠豆沙餡}

綠豆沙餡最大的特色在於其組織細膩酥鬆、不黏牙，風味清香。在作為月餅餡時，多用於綠豆凸與兩面煎。大多時候會加入油蔥酥或滷肉以增加香味，是台灣傳統糕餅用餡中極具代表性的一種。

‖選材‖

大陸南方產的綠豆稱為「油綠」，其豆香、色澤金黃，豆沙炒餡時易結團，彈性佳且Q，故用來炒製綠豆沙時，必須再加入白豆沙才會鬆軟，且糖量需減少。麥芽糖因Q性大，所以應避免使用麥芽糖，否則不耐久儲。北方品種的綠豆稱為「毛綠」，適合煮綠豆湯，豆沙鬆散易破皮。綜上所述，要製作綠豆沙餡，需選擇「油綠」品種為佳。

綠豆沙餡軟硬度調節法

正因豆蓉粉炒色淺但吸水性強，所以炒綠豆沙餡時若感到太稀，可加入少許豆蓉粉來調節軟硬度。但因豆蓉粉吸水慢但吸水性卻很強，所以加豆蓉粉時需少量加入，並調整至略稀軟的程度即可，否則若一次加足至剛好的濕度，隔天就會因為豆蓉粉繼續吸水而使炒好的綠豆沙餡變得過於乾硬，無法使用。所以炒綠豆餡時，寧可略為濕潤，也切勿加入過量的豆蓉粉，以免失敗。此外純綠豆沙因為組織與質地Q，所以一定要加入白豆沙或熟地瓜泥，使綠豆沙餡質地較鬆散，才能製作豐原月餅綠豆凸。

‖綠豆沙餡配方‖

材料	烘焙比(%)
綠豆沙胚	100
細砂糖	60
鹽	0.17
合計	160.17

‖製作流程‖

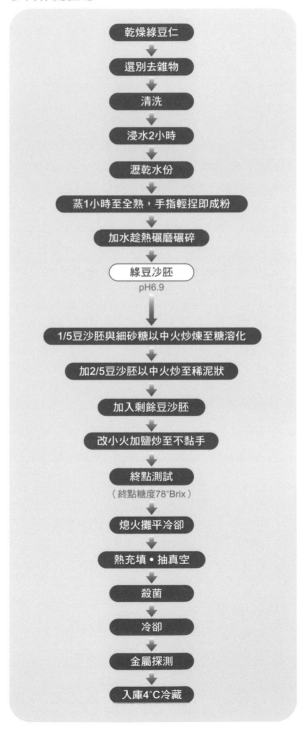

乾燥綠豆仁
↓
選別去雜物
↓
清洗
↓
浸水2小時
↓
瀝乾水份
↓
蒸1小時至全熟，手指輕捏即成粉
↓
加水趁熱碾磨碾碎
↓
綠豆沙胚
pH6.9
↓
1/5豆沙胚與細砂糖以中火炒煉至糖溶化
↓
加2/5豆沙胚以中火炒至稀泥狀
↓
加入剩餘豆沙胚
↓
改小火加鹽炒至不黏手
↓
終點測試
（終點糖度78°Brix）
↓
熄火攤平冷卻
↓
熱充填·抽真空
↓
殺菌
↓
冷卻
↓
金屬探測
↓
入庫4°C冷藏

▌製程重點說明 ▌

● 選別

大陸南方產之「油綠」帶皮綠豆，為最適合製作綠豆沙餡的原料。將油綠品種的新鮮綠豆帶殼採收，再進行熱風乾燥脫水後，再用粗碎脫殼方式去皮剖半，同時可也用風扇吹走綠豆殼，即成脫皮的黃色綠豆仁，並立即進行下一步加工程序。用此來炒製綠豆沙餡，才能富有濃郁的綠豆香氣，綠豆沙餡清香怡人。

● 保存

綠豆沙餡是所有豆沙餡中最不易保存的一種，一般耐儲安全期為冷藏 3～4 天（餡料不可冷凍儲存，會破壞細胞壁）。因其本身糖度低又不含油，容易生真菌類，所以在儲存前必須小心殺菌保存，否則便要加速加工操作的速度，縮短其接觸曝露在空氣中的時間。若必須長時間放置，則可在表面噴灑少許 75% 的酒精殺菌再加蓋，可降低敗壞速率。

豆蓉粉

豆蓉粉除了在台式傳統綠豆沙餡中，扮演著重要的角色，早年台灣糕餅也曾利用豆蓉粉，添加花生油、豬油、紅蔥頭、糖等材料，炒餡製成豆蓉餡，使用時也會摻入肉鬆，多用來製成飲茶搭配食用的小糕點。若豆蓉粉炒色深，便不適合加入製作綠豆沙餡，但仍可用來製作綠豆糕。配方雖可用炒熟麵粉來代替豆蓉粉，但製成的綠豆沙餡則會缺少豆香味，風味較差。但因為豆蓉餡在風味上並無特別吸引人的美味，所以現在幾乎已經不再生產製作。

1 手工製法

將乾綠豆（或乾燥豌豆）在乾鍋中以小火炒熟，顏色炒至淡黃綠色時，即可起鍋磨去外皮，留下綠豆仁，再經熱風乾燥乾磨成粉，即為豆蓉粉。

2 工業製法

乾綠豆洗去泥沙後，加水大火煮沸 15 分鐘，再改小火燜煮 30 分鐘。取出篩除豆殼，留下煮熟綠豆仁，再加水以小火煮到收乾，取出趁熱打碎或用篩濾機去皮得豆蓉泥漿，再經鼓形機瞬間乾燥，即為豆蓉粉。

▌台式傳統綠豆沙餡配方 ▌

烘焙比(%) 配方 材料	配方 A	配方 B	配方 C	配方 D	
豆蓉粉	100	100	100	綠豆沙餡	80
				熟地瓜泥	20
細砂糖	150	178.6	120	冰糖	2
豬油	35	—	10	豬油	5
花生油	35	53.6	50	炒熟芝麻	5
鹽	1.8	2.7	—	紅蔥酥	4
新鮮紅蔥頭	15	11	—	油炸蝦米	5
冷開水	100	119.6	—	蠔油	4
檸檬黃	少許	少許	—	米酒	3
糕粉	—	—	20	滷瘦肉	5
合計	437	465.5	300	合計	133

‖ 傳統與現代綠豆餡配方比較 ‖

傳統式綠豆餡 （綠豆凸之滷肉綠豆沙餡）		烘焙比(%)	現代綠豆餡	烘焙比(%)
主餡	綠豆沙餡	100 （可摻入白豆沙餡或蕃薯泥）	綠豆沙餡	100
副餡	炒熟白芝麻	6	滷肉酥	20～40
	粗五花碎肉（12mm 孔）	30		
	油炸蝦米	4		
	紅蔥頭酥	4		
	蠔油	2		
	米酒	3		
	冰糖	1		
	豬油	2～5		

{白豆沙及衍生加工餡}

許多台式月餅用餡都是添加食品香料、法定食品色素與自然食材所調配而成的，以使月餅餡口味更豐富、多樣化。而白豆沙因為不具有強烈獨特的風味，且餡料組織軟硬度等與其他餡料相近，在混合操作上容易結合不分離，再者因為價格便宜，所以便成為製作調味主餡的最佳選擇，同時也唯一可以作為此類加工餡的主餡。

此外，因為利用新鮮水果製餡收率少，所以有些食品公司便將白豆沙餡添加水果香料或果肉蜜餞，以之稱為天然水果餡，尤其是價格較貴的水果，藉此節省製作真正水果餡料之成本。

‖ 特性 ‖

入口即化，有「冰沙」之別稱，亦可摻入各種餡料中作為輔料，尤以日式糕點最多。所以像是餡料豆沙鬆軟、不易塑形成團的台式糕餅，都會加入白豆沙餡來加以調整餡料的黏性，使其易於整形操作。例如花蓮薯、冰沙月餅、保健月餅餡、哈密瓜餡、人參餡、燕窩餡、魚翅餡，以及水果餡類中的鳳梨餡、桂圓豆沙餡、荔枝餡、核桃豆沙餡、蛋黃酥餡、白芝麻餡、咖哩豆沙餡等香料調味餡，都是加入白豆沙餡來作調整。

白豆沙在加工點心上，有以下數項重要功能：

1 使製品膨鬆、增重、增香，不易結塊。
2 在花蓮薯內添加 50% 白豆沙（含糖 60%），以及玉米架橋澱粉，可防止澱粉老化，保持軟黏。
3 可代替果肉，省略添加香精。

‖ 選材 ‖

製作白豆沙的原料豆，又有「白扁豆」、「大白豆」、「白鳳豆」等不同品種類別。

台灣製作白豆沙餡，採用最多的原料便是緬甸產或印尼產的扁平白鳳豆（白扁豆），此品種的白鳳豆極易煮熟，脫皮容易，出沙率高且鬆，但其厚豆皮中含有有毒之單寧酸，具苦味，必須經多次加工以漂洗去除毒素。而美國產的白小豆則品質以及台灣產白花豆品質尚可，中國大陸的大粒白豆出沙率高、品質佳，澳洲白小豆則屬於雜豆，品質最差。

加工做白豆沙餡需特別留意一點，因該豆含有皂素及單寧等物質，同時這些物質也會造成口感上的苦味，需特別留意除去，以免危害健康。

1 **粗選**：在產地因豆粒大，較容易進行粗選工作。
2 **精選**：放在有邊之不鏽鋼工作桌上，經人工檢選除去病蟲害、未成熟豆、異品種豆、砂石等異物，然後過磅入袋，存放在通風良好、陰涼不易生黴之處。

‖ 白豆沙製作程序 ‖

● 前處理 & 選別

先作品質原料檢制再加工，利用下列配方液浸豆 1 小時後，再取出放入鹽度 10% 之鹽水中，浮於鹽水上層的為良質品，沉於水底的則為劣質豆，選別後才能再進行後續的加工程序。

● 浸液配方

材料	配方
水	100 %
磷酸氫二鈉	0.25 %
小蘇打	0.3 %

●製作流程

①大量加工工業製法

　原　料：白扁豆

　加工法：浸漬法

②天然不漂白法

　原　料：扁平種白鳳豆

　加工法：直接水煮法

　重　點：以此法製作白豆沙餡時，若水質佳（含 Fe^{3+} 成分 0.2 ppm 以下），做出白豆沙色澤為淺紅色；但若水質不佳（Fe^{3+} 成分 0.2 ppm 以上），做出白豆沙色澤則類似淺紅豆沙，品質較差。

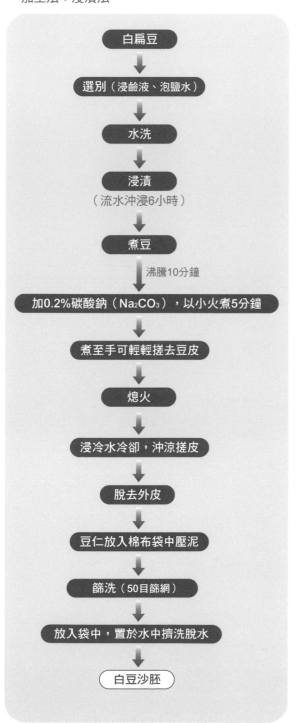

白扁豆
↓
選別（浸鹼液、泡鹽水）
↓
水洗
↓
浸漬
（流水沖浸6小時）
↓
煮豆
↓ 沸騰10分鐘
加0.2%碳酸鈉（Na_2CO_3），以小火煮5分鐘
↓
煮至手可輕輕搓去豆皮
↓
熄火
↓
浸冷水冷卻，沖涼搓皮
↓
脫去外皮
↓
豆仁放入棉布袋中壓泥
↓
篩洗（50目篩網）
↓
放入袋中，置於水中擠洗脫水
↓
白豆沙胚

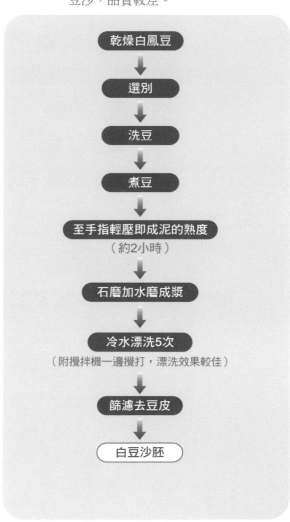

乾燥白鳳豆
↓
選別
↓
洗豆
↓
煮豆
↓
至手指輕壓即成泥的熟度
（約2小時）
↓
石磨加水磨成漿
↓
冷水漂洗5次
（附攪拌機一邊攪打，漂洗效果較佳）
↓
篩濾去豆皮
↓
白豆沙胚

③商業漂白法

原料豆：白小豆：100kg ／ 100%

水：300kg ／ 300%／水溫 30 ～ 35 ℃

加工法：商業漂白法

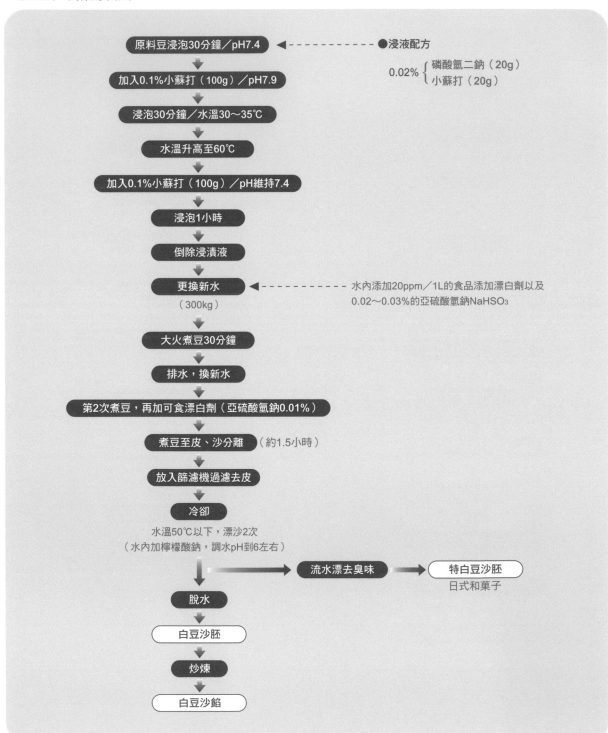

原料豆浸泡30分鐘／pH7.4 ◄------------ ●浸液配方

加入0.1%小蘇打（100g）／pH7.9

0.02% { 磷酸氫二鈉（20g）
        小蘇打（20g）

浸泡30分鐘／水溫30～35℃

水溫升高至60℃

加入0.1%小蘇打（100g）／pH維持7.4

浸泡1小時

倒除浸漬液

更換新水 ◄------------ 水內添加20ppm／1L的食品添加漂白劑以及
（300kg）   0.02～0.03%的亞硫酸氫鈉NaHSO3

大火煮豆30分鐘

排水，換新水

第2次煮豆，再加可食漂白劑（亞硫酸氫鈉0.01%）

煮豆至皮、沙分離 （約1.5小時）

放入篩濾機過濾去皮

冷卻

水溫50℃以下，漂沙2次
（水內加檸檬酸鈉，調水pH到6左右）

流水漂去臭味 ➤ 特白豆沙胚
                  日式和菓子

脫水

白豆沙胚

炒煉

白豆沙餡

164

▌製程重點說明▐

●煮豆

用大火煮豆時，豆粒在水中流動不沉澱，鍋底才不容易焦，但同時也要注意，不可將蓋子蓋上，否則煮到湯汁混濁出沙，豆則過爛失敗。

●手工去皮

在白豆入沸水大火煮滾約30～35分鐘時，取少許扁豆測試是否可輕壓破皮，最好控制煮至外皮膨脹、豆仁不爛的程度，有助於去皮，待去皮漂洗過後，再重新煮爛豆仁即可。

●漂水

利用地下水（無氯之消毒味）來漂洗，因熱脹冷縮的原理，水溫愈低則皮與豆沙愈易分離，豆沙也會愈快沉澱，有助於操作。當製作量少時，可用竹製篩子來漂水，較不會影響風味。漂水需要特別留意的是，豆沙若漂洗太多次，製成的白豆沙餡組織會鬆而不Q。

▌配方▐

烘焙比(%) 配方 材料	配方 A	配方 B	配方 C
白豆沙胚	100	100	100
高濃度麥芽糖	65	—	—
細砂糖	31	55	60
水	—	55	—
麥芽糖	—	20	—
合計	196	240	160
糖度 (Brix)	78°	80°	80°

●加工程序

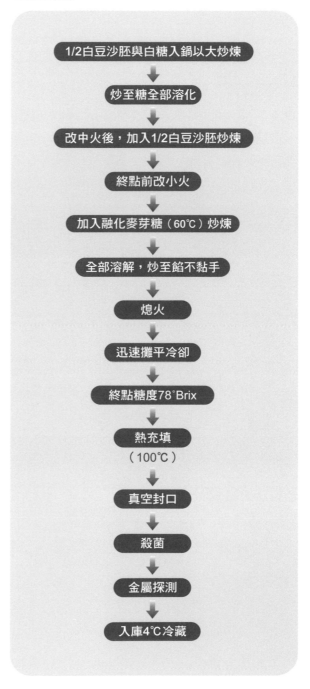

1/2白豆沙胚與白糖入鍋以大炒煉
↓
炒至糖全部溶化
↓
改中火後，加入1/2白豆沙胚炒煉
↓
終點前改小火
↓
加入融化麥芽糖（60℃）炒煉
↓
全部溶解，炒至餡不黏手
↓
熄火
↓
迅速攤平冷卻
↓
終點糖度78°Brix
↓
熱充填
（100℃）
↓
真空封口
↓
殺菌
↓
金屬探測
↓
入庫4℃冷藏

‖ 製程重點說明 ‖

●炒煉

凡豆沙餡配方中需添加麥芽糖者，均在炒煉最後階段才加入拌勻，否則餡料太黏則不好炒煉。或亦可加入糖度 75°Brix 的葡萄糖漿來代替麥芽糖。而加入麥芽糖的豆沙可使其組織變軟，不易反砂；若是豆沙澱粉少的，雖然可以靠添加麥芽糖來改善使其不反砂，但缺點是餡料會質硬且黏，所以初選的原料豆品質控制才是最重要的根本。

●保存

白豆沙餡的砂糖添加量在 60% 以上者，約可儲存一週；加糖量在 50% 以下，不易儲存，僅可保鮮 1～2 天，不可販售，僅供自廠生產糕餅加工用。

●白豆沙衍生加工餡配方

烘焙比(%) 材料 ＼ 配方	配方A 牛乳豆沙餡	配方B 桂圓豆沙餡	配方C 桂圓豆沙餡（含油）	配方D 甜白豆沙餡	配方E 綠豆沙餡	配方C 白豆沙餡（含油）	配方G 葡萄乾白豆沙餡
白豆沙餡	100	100	白豆沙餡 100 / 綠豆沙餡 34	100	白豆沙餡 50 / 綠豆沙胚 50	白豆沙胚 100	100
水	40	15	11	10	—	—	—
細砂糖	—	米酒 20	67	10	50	70～80	鹽 0.3
奶粉	6	—	沙拉油 110	—	—	沙拉油 15	葡萄乾 33.3
煉乳	8	—	奶油 22	—	—	—	奶油 5
麥芽糖	10	20	—	20	—	—	蘭姆酒 8.5
桂圓	—	12	23	—	—	—	麥芽糖 5～6
合計	164	167	367	140	150	185～195	152.2～153.1

‖ 特殊製程說明 ‖

●配方 A

水與奶粉調勻後，與白豆沙一起以大火炒煉，改中火加入煉乳炒煉，最後終點前加入麥芽糖拌勻即可。

●配方 B

桂圓乾浸泡米酒 30～40 分鐘備用，白豆沙與水一起以大火炒煉，中程再加入麥芽糖以中火炒煉，最後加入桂圓肉連同米酒，以小火炒煉至終點。此配方中米酒即取代部分的水。

●配方 D

白豆沙、水、細砂糖一起以大火炒煉，中程改中火，最後則加入麥芽糖，改小火炒煉至終點。

{冬瓜醬}

　　冬瓜醬之開發，乃是為了代替成本日漸增高的鳳梨醬。冬瓜因其組織纖維、咬感與鳳梨相似，且生產又能自動量產化，再加上今日天然香料發達，所以若能以冬瓜來產製冬瓜醬，或與鳳梨醬混合再以香料加強風味，想必即為十分成功的糕餅用餡。

‖ 選材 ‖

　　製作冬瓜餡需要高纖維，所以除了要挑選老冬瓜，也要選擇含水分少的品種。尤其是冬季產的冬瓜，瓜肉結實水分少，最適合用來製作冬瓜醬。此外冬瓜餡配方中的麥芽糖可改良組織黏性與彈性，奶油則應選天然奶油，而非人工合成的人造奶油。

　　至於影響鳳梨餡成本因素最大的低收率，同樣的問題也發生在冬瓜醬身上，只不過冬瓜單價遠低於鳳梨，所以即使收率不高，也還能應付生產成本的需求。新鮮冬瓜要先製成冬瓜泥，再加料熬炒成冬瓜餡。除了沒有澱粉質之外，冬瓜比起其他豆類原料水分來得高很多，所以收率極低。以老冬瓜製冬瓜泥的收率約30～50%，嫩冬瓜製冬瓜泥收率更只有10%。若以冬瓜泥100%製冬瓜餡，則收率約為50%。

‖ 製程重點說明 ‖

1　商業製法上，將冬瓜蒸熟後，可再添加0.2%鉀明礬以防褐變，煮爛後再經脫水後再加入可食漂白劑漂白，再加糖熬煮炒煉。

2　炒煉時若黏度不足，可加入5%澄粉，改良其吸糖性。

‖ 冬瓜醬配方 ‖

材料	烘焙比(%)
冬瓜泥	100
粗砂糖	35
鹽	1.2
麥芽糖	30
天然奶油	8
奶粉	3
鳳梨醬 ※	30
鳳梨香料	少許
合計	207.2

※ 鳳梨醬應選用糖度72°Brix，pH4.2，色澤呈金黃帶紅之品牌。

‖ 冬瓜泥製作流程 ‖

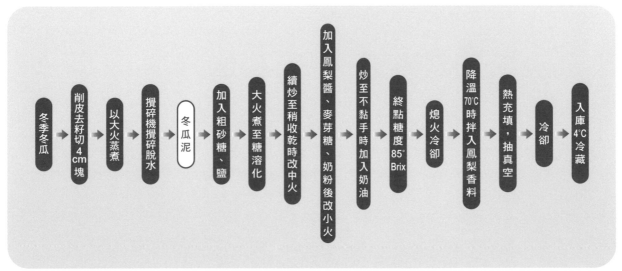

冬季冬瓜 → 削皮去籽切4cm塊 → 以大火蒸煮 → 攪碎機攪碎脫水 → 冬瓜泥 → 加入粗砂糖、鹽 → 大火煮至糖溶化 → 續炒至稍收乾時改中火 → 加入鳳梨醬、麥芽糖、奶粉後改小火 → 炒至不黏手時加入奶油 → 終點糖度85°Brix → 熄火冷卻 → 降溫70°C時拌入鳳梨香料 → 熱充填，抽真空 → 冷卻 → 入庫4°C冷藏

{棗泥核桃餡}

　　蘇式月餅餡料的配製，多是以當地特產食品來製作。棗泥核桃餡乃是在炒好的棗泥餡中，再加入烤焙至金黃酥脆的上選核桃，使月餅的口感更具香酥滋味，同時更提升其營養價值，是為蘇式月餅的傳統口味。

▐ 選材 ▐

　　因核桃含油量高，所以必需嚴選品質新鮮的核桃，以免有油耗味，影響餡料的風味。此外若還要添加其他食材以增加餡料口感，則需選用不易吸水、含水量少的種類，才能避免烘烤後變軟。

　　若將核桃換成松子，即為棗泥松子餡，食材可依各人喜好或當地特產，自由進行變換。

▐ 棗泥核桃餡配方 ▐

材料	烘焙比(%)
棗泥餡	100
核桃	10 ～ 30
合計	110 ～ 130

● 事前準備

　　核桃先用熱水燙過去皮（不去皮亦可），入烤箱以160°C 烤約 6 分鐘至香熟，之後取出切成如瓜子般大小，即可使用。

▐ 製作流程 ▐

棗泥餡
↓
烤熟核桃丁
↓
慢速拌勻
↓
完成
↓
立即使用

▐ 製程重點說明 ▐

　　混拌時機器一定要全程採慢速，切忌快速攪拌，否則將空氣拌入，月餅烘烤後不是餅皮爆裂就是餡凹下。

{椒鹽餡}

蘇式月餅椒鹽餡，是傳統月餅款式中少見的獨特口味。雖然椒鹽餡料大部分都是現成材料，
但主導椒鹽餡風味的花椒鹽，最好還是自行配製炒磨，才能準確地掌握每批製作的口味濃淡。

‖ 選材 ‖

製作椒鹽餡，每一項原料都必須嚴選新鮮，一旦
有其一不夠新鮮，則風味變調便失敗。

1 瓜子仁：需選擇新鮮、無油耗味者。

2 橄欖仁：可以核桃仁代替，但核桃仁需以160°C
預烤6分鐘再使用。

3 桔餅：要選桔皮厚，軟而不硬者，切成小丁。

4 白綿糖：若換成轉化糖漿，可使餡更容易結聚成
球狀。

‖ 椒鹽餡配方 ‖

材料	烘焙比(%)
熟麵粉（或糕粉）	100
白綿糖粉（或轉化糖漿）	80
炒熟黑芝麻	80
桔餅	30
瓜子仁	25
橄欖仁（或核桃仁）	5
椒鹽	5
豬油	120
合計	445

●事前準備

1 黑芝麻

黑芝麻切記挑去砂石，可將黑芝麻倒入水桶中，
用手攪拌轉動水流，撈取上層黑芝麻，入乾鍋炒熟
後磨碎即可使用。炒時若有芝麻開始爆開，需立即
熄火攤開冷卻，以免過焦。

2 椒鹽

將1份花椒粉加4份鹽（或1.5份花椒粉加3.5份
鹽），炒香磨細即可。

3 熟麵粉

將低筋麵粉蒸熟即可。

‖ 製作流程 ‖

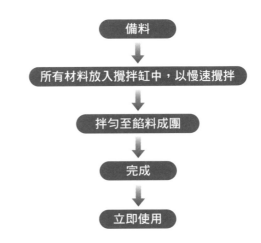

備料
↓
所有材料放入攪拌缸中，以慢速攪拌
↓
拌勻至餡料成團
↓
完成
↓
立即使用

‖ 製程重點說明 ‖

混拌時機器一定要全程採慢速，切忌快速攪拌，
否則將空氣拌入，月餅烘烤後不是餅皮爆裂就是餡
凹下，均不成功。

{蓮蓉瓜仁餡}

本頁所介紹之蓮蓉瓜仁餡，即屬核果餡之一種。核果餡重於使用高營養價值的核果類作為餡材，脆實的口感更賦予口感上的豐富變化，一直以來都是廣受歡迎的傳統餡料口味。使用在冰皮月餅上時，唯需特別留意核果的預烤問題。

‖ 選材 ‖

因冰皮月餅餡不再烘烤或加熱殺菌，所以所有加入餡料中的材料，尤其是核果類，均需預烤至熟。

‖ 蓮蓉瓜仁餡配方 ‖

材料	烘焙比(%)
白蓮蓉餡	100
白豆沙餡	100
炒熟瓜子仁	10
食用紅色素	少許
沸水	少許
合計	210

● 事前處理

炒熟瓜子仁可以剁碎開心果仁 30% 代替，但需切成瓜子仁般大小再使用。

‖ 製程重點說明 ‖

● 調色

食用色素調合時應少量分次添加，並且充分拌勻待顏色均勻後，再決定是否繼續加色。

● 蒸熟

蒸時應隔水加熱才不易焦底，且要不停攪拌才會均勻。

● 攪拌

待冷卻至 30°C 後才能加入瓜子仁，否則瓜仁會吸濕而軟綿不良。

‖ 製作流程 ‖

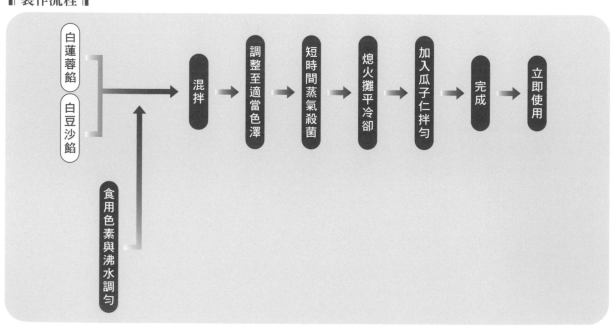

｛水果餡｝

水果餡是近年來極受歡迎的月餅餡口味。除了水果風味較傳統豆沙餡來得清新爽口之外，在口味的選擇上變化也更多，剛好迎合現代人追求多變的需求。所以即使很多水果餡料不是採用真正新鮮的水果來煉製，而是添加香精以及人工色素來調製的，但在月餅餡的選材上，的確提供了消費者一個嶄新的選擇，至今仍蔚為風行。

‖ 水果餡配方 ‖

材料	烘焙比(%)
白豆沙胚	100
細砂糖	16
水	4
高濃度麥芽糖	80
鹽	0.5
沙拉油	21
奶油	2
糯米麥芽糖	10
濃縮果泥	15
濃縮果粒	8
色素	少許
香精	5
合計	262

‖ 製程重點說明 ‖

● 調色

色素請選用設定要製作的水果顏色，但顏色不可太濃。

● 調節軟硬度

沙拉油與奶油之實際用量需視當時天氣冷熱酌量增減調整，冬天天冷時可多加，夏天天熱則少加。

● 香精加入時機

若水果餡香味不足，可添加香精增強香氣。加入香精的時機，需待餡料冷卻至 60 ～ 70°C 時才可加入，以免香味散逸。

● 終點糖度

若加入濃縮果粒或核果粒，以增進香氣及咬感，則需炒到糖度 77°Brix。

‖ 替代法 ‖

若想製作其他如鳳梨、蘋果、草莓、藍莓、桂圓等不同風味的果餡，只要替換濃縮果泥的口味，烘焙比相同，其餘製作流程均相同，直到炒到糖度 72°Brix 即成。

‖ 製作流程 ‖

高濃度麥芽糖＋水＋細砂糖 → 煮沸至糖溶化 → 慢慢加入油拌勻（沙拉油、奶油）→ 大火炒勻 → 改小火加鹽拌勻 → 加入糯米麥芽糖拌勻 → 加入濃縮果泥拌炒 → 加入色素炒勻 → 加入濃縮果粒拌炒 → 熄火 → 冷卻至70°C → 加入香精 → 終點糖度75°Brix

{芋泥餡}

芋泥餡也是近年來才開始流行的月餅餡料,雖然在各種中式糕點類甚至西點麵包蛋糕類,芋泥餡口味一直頗受歡迎,但在月餅中卻以使用於冰皮月餅之中為多。芋泥餡之品質取決於原料的選擇,芋頭選材需上等,才能炒製出口感風味絕佳的芋泥餡,否則光靠香精來增味,亦無法達到相同的品質。

▌選材 ▌

炒製芋泥餡原料中,最重要的莫過於芋頭。要製出美味的芋泥餡,芋頭需選用夏季產的檳榔芋品質最佳,風味較為香濃。檢測方式乃是取少許尾部肉質,以手緊握,若能粉鬆則表示品質合格。

▌芋泥餡配方 ▌

材料	烘焙比(%)
檳榔芋	100
細砂糖	52
豬油	12
奶油	12
麥芽糖	4
合計	180

▌製作流程 ▌

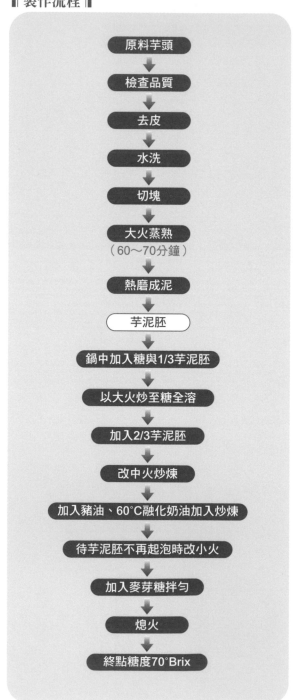

原料芋頭
↓
檢查品質
↓
去皮
↓
水洗
↓
切塊
↓
大火蒸熟
(60～70分鐘)
↓
熱磨成泥
↓
芋泥胚
↓
鍋中加入糖與1/3芋泥胚
↓
以大火炒至糖全溶
↓
加入2/3芋泥胚
↓
改中火炒煉
↓
加入豬油、60°C融化奶油加入炒煉
↓
待芋泥胚不再起泡時改小火
↓
加入麥芽糖拌勻
↓
熄火
↓
終點糖度70°Brix

{蜜紅豆餡}

　　所謂的蜜紅豆餡即為不含紅豆沙的純蜜紅豆。其最大的特點，在於採用糖漬蜜餞之原理以提高紅豆糖度，亦即在不破壞紅豆外形（細胞壁）的前提下，利用浸漬糖液的方式使紅豆慢慢吸收糖分，而能成為糖度高的完整蜜紅豆顆粒，製作上頗為費工。

‖ 配方 ‖

材料	烘焙比(%)	重量
煮熟紅豆粒	100	1000
細砂糖 A	56	560
麥芽糖	28	280
鹽	8	80
海草膠	6	60
細砂糖 B	16	160
水	80	800
合計	239.1	2391

‖ 事前準備 ‖

　　將海草膠與細砂糖 B 的分量拌勻後，加入 100cc 的水隔水加熱成膠液備用。

‖ 製程重點說明 ‖

　　第二次開始的糖漬糖液，均需添加麥芽糖、鹽，煮前煮後均必須煮沸殺菌。最後糖漬好，再取蜜紅豆粒與紅豆沙海膠糖液混漬即可。

‖ 製作流程 ‖

原料紅豆（4～6mm）
↓
放入二重鍋吊籃，加水高過豆20cm
↓
靜置待紅豆吸水膨脹，水面需維持高過豆面1～2cm
↓
開火將豆煮熟
↓
加蓋燜30分鐘
↓
移出吊籃倒除汁液
↓
將細砂糖撒於豆上，加水700g浸漬2小時
↓
以大火煮沸
↓
改小火加熱保溫
↓
蜜豆糖漬（含麥芽糖、鹽）
糖液糖度35°Brix
↓
第1段：糖度45°Brix
↓（保溫2小時）
第2段：糖度55°Brix
↓（保溫2小時）
第3段：糖度65°Brix
↓
加入海草膠糖液拌勻
↓
冷卻
↓
完成

{粒狀蜜紅豆餡}

冰皮月餅不需烘烤且保存上全程冷藏，所以餡材用料受限較少，相對地在餡料的含水量及含糖量等製作方面上，也擁有較大的彈性。以粒狀蜜紅豆餡為例，在炒煉好的紅豆餡中混拌入顆粒完整、含水量較高的蜜紅豆，在風味及口感上，都和廣式或台式紅豆餡有著極大的差別。

‖ 粒狀蜜紅豆餡配方 ‖

● 第一階段

材料	烘焙比(%)
乾燥小紅豆	100
小蘇打	0.2

材料	烘焙比(%)
紅豆沙胚	100
磷酸鹽	0.1
水	300
合計	400.1

〔說明〕浸豆水溫與時間對照，請參見本書 P.49。

‖ 製程重點說明 ‖

煮豆時加入 0.1% 的磷酸鈣，可使豆料煮熟時不易破損，保持外形完整，品質較佳。

‖ 第一階段製作流程 ‖

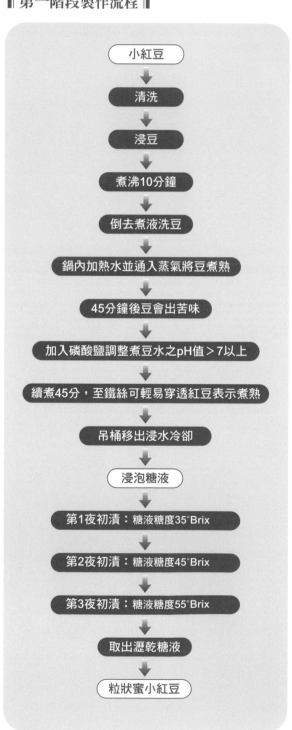

小紅豆

清洗

浸豆

煮沸10分鐘

倒去煮液洗豆

鍋內加熱水並通入蒸氣將豆煮熟

45分鐘後豆會出苦味

加入磷酸鹽調整煮豆水之pH值＞7以上

續煮45分，至鐵絲可輕易穿透紅豆表示煮熟

吊桶移出浸水冷卻

浸泡糖液

第1夜初漬：糖液糖度35°Brix

第2夜初漬：糖液糖度45°Brix

第3夜初漬：糖液糖度55°Brix

取出瀝乾糖液

粒狀蜜小紅豆

●第二階段

特點：將糖度 55°Brix 的粒狀蜜小紅豆繼續炒煉至成為糖度 65°Brix 的蜜紅豆餡，其質地具半豆半沙。

材料	烘焙比(%)
蜜小紅豆 （糖度 55°Brix）	100
細砂糖	0.1
水	0.5
麥芽糖	1.74
鹽	0.05
洋菜粉	0.2
海草膠	0.038
合計	102.63

〔說明〕可外加 0.038% 的海草膠，使用時取些許分量內之細砂糖與海草膠拌勻，當炒煉至砂糖加入之步驟時一起入鍋。

‖ 製作流程 ‖

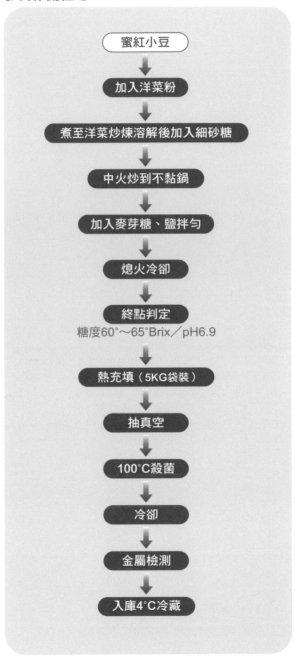

蜜紅小豆
↓
加入洋菜粉
↓
煮至洋菜炒煉溶解後加入細砂糖
↓
中火炒到不黏鍋
↓
加入麥芽糖、鹽拌勻
↓
熄火冷卻
↓
終點判定
糖度60°～65°Brix／pH6.9
↓
熱充填（5KG袋裝）
↓
抽真空
↓
100°C殺菌
↓
冷卻
↓
金屬檢測
↓
入庫4°C冷藏

【Q&A】
月餅製作

原材料選購之問題

Q 一般糕粉，多用何種原食材來加工？

A 用烘烤熟的糯米粉、蓬來米粉、低筋麵粉，主要在於其具有黏性。

Q 何種糕粉較適合摻入月餅餡？

A 細緻、乾燥、雪白無異味的糕粉，但切勿添加超過餅重的2%。

Q 食材新鮮與過期，對加工後生產成品之影響？

A 食材一定要新鮮，才能保存食材原有加工特性，例如：黏、香、可塑性、色澤、風味等，而老舊的食材則會失去這些特性。

廣式月餅餅皮之熬糖漿問題

Q 糖漿若熬不好，用量不足50%以上對餅皮之影響？

A 會造成餅皮可塑性不佳，酥脆不柔軟，皮易開裂，不易著色，回油慢，含糖量少。

Q 3kg 細砂糖加 600g 檸檬，熬煮後還是反砂？

A 水果酸度與成熟度成正比，若酸度不足，則轉化亦不完全。

Q 熬煮糖漿雖到達終點 108 ℃、糖度 75°Brix，為何還是結塊？

A 酸轉化度不足，結晶糖反砂，表示熬煮的時間過短。

Q 熬煮糖漿太快，烤後餅皮會如何？

A 轉化糖少，餅皮會出現焦褐斑點。

Q 熬糖漿時完全按照配方製作，結果儲放時還是反砂（結晶析出），原因為何？

A 轉化不完全，或熬煮時沒有將鍋邊糖粒洗入完全煮溶，使糖粒沾黏鍋邊，在煮好糖漿混拌入糖漿中所致。

Q 廣式月餅熬糖漿，加檸檬酸的作用為何？

A ① 做轉化糖，使餅皮回油快、餅皮柔軟且光亮。
　② 餅皮色澤呈金紅黃。
　③ 使熬好的糖漿 pH 值在 5 ～ 6.5 之間，接近中性。

Q 如何判定熬糖終點？

A ① 用糖度計測糖度。
　② 用杓子撈取糖漿再倒下，糖漿應具拉力、黏性。
　③ 用拇指、食指沾取糖漿，兩手指拉開時，糖漿會黏糊拉絲。

Q 何以有些廠家熬糖漿，要加入蛋清處理？

A 因為蛋清可以吸附糖漿中的雜質，使月餅皮烘烤後特別回油光亮，沒有細砂糖的焦黑斑點。

Q 轉化糖漿中糖漿濃度與皮餡間之關係影響？

A 皮、餡兩者之間最好能濃度平衡，皮餡相互吸引，烘烤後才不易皮餡分離，餡也不易凹下，而且餡的油量若太少，包入鹹蛋黃在烤後也易出油，乾硬不好吃。

月餅餅皮之問題

各種月餅皮徵候解答

餅皮徵候	造成原因
表皮皺紋	未烤熟；側邊不膨脹；餅身出現收縮；皮餡分離。
表皮針孔、砂孔	加入餅皮的鹼水太少；糖漿雜質多。
表皮裂開	高溫 300℃ 烘烤；餡料內含糖分高；烘烤時間過長；餡內含油量過多。
表皮無光澤或有白點	餅皮加鹼水過多；皮餡含油量少；轉化糖漿不標準；烤前未噴水。
表皮灰暗	餅皮加鹼水過多。
皮餡分離	皮包餡時太鬆；餡含水分過多；糖度過高；糕粉加過多；餡料含油過多；回油，油浸漬餅皮。
月餅烘烤後表皮露餡	烤溫過高或時間過長；皮、餡二者均含油過多；餡含糖量過多。
餅皮鬆散易脫落	麵皮攪拌過久，出筋太多；鹼水使用過量。
月餅外皮未烤前，整形入模易黏模具，不易脫模	(1)麵粉含糊精過多，使用前需對麵粉進行測試。 (2)餅皮中加入麥芽糖，最好不超過 15%。 (3)糖漿未熬好，或糖漿使用量過多，或使用新熬糖漿。 (4)餅皮含油量太少，不足 20% 易黏手。 (5)餅皮操作時鬆弛不足。

Q 標準廣式月餅皮，用料成分規格為何？

A 麵粉：低筋麵粉，蛋白質含量 7～8% 之間。

油脂：最好採用南非進口乳化性佳之生花生油，烘焙比用量：24～27%，回油快，烤好餅皮色澤佳。

糖漿：烘焙比用量 70～80% 之間，糖度 72°～80°Brix，其中以 73～75% 範圍用量為多數人採用。

糖漿含水量：在 25% 左右，pH4～5。

Q 廣式月餅皮用油，除花生油外，可用何者代替較優？

A 戚風蛋糕專用液能酥油，為無水人造乳油，均屬純植物油。

Q 餅皮中加鹼過多或過少，會發生什麼問題？

A 鹼水過多：回油後，餅皮色偏深暗、餅角易酥脆、易脫落，不易保持完整。

鹼水過少：回油隔日餅皮出現乳白斑點，少數表面會起皺紋，餅底變白，有砂孔，外觀不美。

Q 廣式月餅皮用鹼水，濃度標準為何？

A 以 60°Bé 上下為準。鹼水濃度太低，用量多也表示加入的水量多，糖漿用量便不得不減少，但糖漿用量一減少，則回油狀況不佳且慢，所以鹼水濃度以 60°Bé 以上為佳。測量鹼度，可購買用玻璃鹼度計再查表對照，不宜用 pH 值來測，否則便要靠烘烤實際測試。

Q 調整月餅皮軟硬度時，不使用麵粉而用澄粉代替，烘烤後會發生何種結果？

A 澄粉雖細緻，但月餅皮不能採用，因為會造成餅皮太乾，烤後皮餡分離。

Q 月餅皮配方中：

① 生花生油用量在麵粉用量 22～26% 之間，可用何種油代替？代替比率多少？

② 鹼水 1.6～1.8%（濃度 30°Bé 為宜），30°Bé 鹼水是否為用 111g 的 Na_2CO_3 ＋ 111g 的 K_2CO_3，溶解在 1 公升（1000cc）沸水中即可？此液用量是否為麵粉用量之 1.6～1.8%？

A ① 可用酥油代替，須注意取代油脂溶點（42℃）代替 20～30%，回油效果較佳。

② 25% Na_2CO_3 ＋ 1% K_2CO_3 ＋沸水 100% 調製鹼水，月餅皮鹼水用量（以 30℃ 保溫）對麵粉 100% 用量為 4～6%（烘焙比）才正確。

Q 廣式月餅皮的軟硬，對烘烤有何影響？

A 餅皮過軟：易黏模，不好操作，花紋不清晰，若加粉改善黏模情況，則烤好餅皮易生白點，色澤不美；若用 190℃ 烘烤月餅會塌陷，應用 250～270℃ 烘烤較佳。

餅皮較硬：如摻有糕粉，用 300℃ 烤時餅皮易爆裂，皮餡分離；應改用 250℃ 烘烤較佳，若糕粉加得多，皮餡一定會分離，最好少加糕粉。

Q 若餅皮配方太軟，因而在最後操作加入糕粉改良，烤後會出現什麼問題？

A 糕粉具有吸水的功能，所以加入後會使皮、餡缺水、缺油，餅皮麵團變硬。烤後則餅皮易出現白色斑點，皮餡分離，回油差，高溫烤時月餅爆裂露餡，餅角酥脆易脫落受損。

Q 月餅烤好後皮餡容易分離，應如何防止？

A ① 為容易脫模，餅皮沾黏太多乾粉，尤其是包餡部份與餡易造成烤後皮餡脫離。此時應減少手粉用量。

② 餡料在分割滾圓後要立刻以濕布蓋住，勿使其失水乾燥，尤其是小型工廠沒有空調只有電風扇，最易造成此現象，造成餡料表面結皮乾燥，烤後一定會皮餡分離。

③ 自動化、機具生產月餅時，餅皮與餡料均要保護良好，最好以空調保持濕度，以免脫水。

Q 廣式月餅皮的糖漿用量過多或油脂用量過少，烘烤時易出現哪些問題？

A 若糖漿用量多過於 80% 與油少過於 20%，餅皮易形成裙邊，回油色深，皮餡易分離。若糖漿用量少過於 70% 與油多過於 33%，皮餡易分離，餅皮著色差，回油少，腰色偏白。

Q 廣式月餅皮餡太早分割，且工作室中又無空調時，會發生哪些問題？

A 高溫 300℃ 烘烤時，餅皮會脫落，太早分割或麵團鬆弛不足，也會使餅皮烤後脫落。

Q 台式月餅皮中多使用豬油之原因？

A 豬油香味佳，且是固態油脂，可塑性佳，耐氧化，不易變質。

Q 台式月餅皮，何以烤後無光澤？

A 因台式月餅皮的含水量比廣式月餅皮來得少，較不易出筋，若搓揉不足則烤後無光澤，需特別小心注意。

Q 以下廣式月餅配方——餅皮烘焙比為：麵粉 100%，糖漿 75%，植物油 35%，鹼水用量為麵粉用量之 2～3%，烤溫 210～230℃，結果烤後餅皮硬，沒有回油，是為何因？

A 正規的餅皮配方，乃是糖漿糖度 75°～82°Brix、油量 20～30%。回油狀況是否理想，主要視：

① 轉化糖漿質量：指轉化程度及濃度。轉化為葡萄糖的量及果糖的量愈多愈好，回油愈快，則下列因素又會影響轉化度——糖漿之加水量、加酸量及種類以及熬煮時間。

② 餅皮配方：以低筋麵粉用量為 100%，糖漿糖度 75°～82°Brix，油脂用量 20～30%。

若不是上述配方比例，而只是用麵粉來決定皮之軟硬加到多少，則此配方便是錯誤的。換言之，100% 麵粉用量，油不可能加到 35%，因為 20～30% 已是最佳用量範圍，所以不能只考慮某一種材料。如果上述餅皮配方烘焙比皆為正確，烤後卻回油不佳，那便能確定是糖漿熬煮的問題。

餅餡之問題

Q 餡料遇到何種狀況容易造成烘烤後出現失敗？

A 豆餡含水分過多。烘烤後餅皮爆裂、有裙邊，待冷卻後餅皮中心則下凹。

Q 餡料太乾及太軟時，對烘烤後之影響？

A ① 餡太乾：油太少，烘烤後皮與餡容易脫離。炒餡加油時，每次加油最好要先加 3 ～ 6%，待攪拌完成後之軟硬再判別是否需要繼續加油。

　　② 餡太軟：若是水分太多所引起，則繼續炒煉使水分蒸發即可。若是用油量太多，可加 1% 的糕粉來吸油，但烘烤時必須注意，要用低溫 200℃ 噴水烤 15 分鐘，再升溫至 275℃ 烘烤並延長時間，否則一開始便以高溫烘烤，餅皮會爆裂而中心下凹。

Q 廣式月餅餡中加 10% 之麥芽糖，切面就會光亮嗎？

A 雖然加 10% 麥芽糖可使切面光亮，但加入分量也須視餡的含油量、黏性大小才能決定，不可冒然添加。

Q 蓮蓉餡的品質好壞，其炒餡吸油率有何不同？

A 若用品質佳之湘蓮炒製廣式月餅餡，每公斤蓮蓉餡可吸油 1.5kg；若用一般蓮子，則每公斤蓮蓉餡只能吸油 350g。

Q 如何生產高品質豆蓉餡，可久存不壞？

A 高澱粉質豆蓉餡，長期存放也不易變質，只要把握下列要素即可：

　　① 豆蓉澱粉細胞需煮熟，但不可煮爛，若以大火煮爛則細胞壁被破壞，品質不佳。

　　② 良好的熟細胞，在含總糖量 50% 以上時，需小心炒煉，使糖完全轉化滲透到澱粉細胞內，油就能包住（澱粉細胞可吸住油），吸油量則在 20 ～ 40% 之間，糖足油夠，回油才會快且餅皮酥軟。

Q 炒好月餅餡為何在冷卻後反砂結晶？

A ① 原餡胚含水率太少，所以炒餡時糖轉化不足；

　　② 糖分太高；

　　③ 炒煉時間太短。

Q 若使用外購現成餡料，油含量多，應如何烘烤？

A 因餅皮軟、餡軟，若用 180℃ 烘烤，時間長則易生裙邊。應以 250 ～ 270℃ 烘烤最佳，280℃ 則可改良少部份，月餅易爆裂露餡。

Q 豆沙餡若炒煉太快有何影響？

A 因拌入空氣，烘烤時易成鼓形，且餡含水分太多，也因糖轉化不足而容易結晶。

Q 炒餡加入糕粉，烘烤後易造成什麼問題？

A 因糕粉吸水吸油的反應速度慢，炒時容易誤判而加入過量糕粉，使餡料冷卻後乾燥變硬，難以與柔軟之餅皮密切結合，烤後皮餡易分離。

Q 為何生豆沙胚脫水時不能太乾？

A 若脫水太乾，炒煉豆沙時便須加水，雖然炒煉時可以補水，但因細胞壁已在脫水時被破壞，即使炒煉時再加水也會變得難炒，不易在短時間內讓餡內之澱粉粒進一步糊化，糖也不易於滲透入澱粉分子內，如此炒出來的餡就會不吸油、易漏油。此外糖轉化不良，餡也易還原結晶成硬塊。

Q 炒煉豆沙餡時，有哪些問題發生值得探討？

A ① 初炒大量操作，小心餡料因高溫起泡噴濺，不小心會燙傷，最好戴上長袖手套。炒到即將完成時，改小火，平均由開始炒煉到結束，時間約 1～3 小時。

　　② 炒煉豆沙方法有下列幾種：

　　A 糖先入鍋，以大火炒到糖溶化 → 倒入豆沙胚以大火炒 → 片刻後改中火 → 炒至費力時加入油改小火炒 → 不黏手時加麥芽糖拌勻 → 熄火炒均勻。

　　B 糖、豆沙胚入鍋以大火炒，後續程序同 A。

　　C 鍋中加油以大火加熱 → 加糖時改中火 → 糖溶化後加入豆沙胚，後續程序同 A。

　　D 鍋中加 1/3 油大火加熱至冒煙 → 加入 1/3 糖炒至金紅色改中火 → 加入豆沙胚與放入 1/3 油 → 加入 1/3 糖 → 炒到起小泡再加入 1/3 油、1/3 糖 → 炒到不黏手時改小火 → 加入麥芽糖熄火炒勻。

　　E 糖、豆沙胚、油、青凡一起放入炒鍋內以大火加熱 → 麵粉篩入炒鍋內一面以中火炒 → 至豆沙色澤黑亮即可。

　　上述 A.B.C.D.E 五種炒煉豆沙法中，A、B、C 三種均屬正規操作法。而經筆者實地操作後，以 D 炒法的豆香味最佳，但也最麻煩，炒煉時間長。E 方法可炒成烏豆沙，加入青凡而會帶有些許苦味，一般食用感覺不出，但可增加豆沙黏度，同時因加入麵粉，若炒得太乾，冷卻後易結成硬塊失敗。

Q 加澱粉炒煉的月餅餡，為何烤後待月餅冷卻，餅皮便塌陷？

A 太白粉、澄粉均屬澱粉，易與水結合，經高溫炒煉後餡會變軟，水被澱粉吸走，所以烘烤前的餡料雖可成形、有硬感，但烤後餡內水分蒸發很快，餡冷卻後收縮，月餅皮、餡便會塌陷，所以一般只能加少許澱粉以改良餡之咬感。

Q 炒煉豆餡時糖加太多或炒餡超過終點，冷卻後豆餡又發硬，是為何因？月餅烤後易起裙邊是為何因？

A ① 糖炒煉未轉化完全，而且還原成結晶糖之故。餡脫水太乾也會有此現象，主因還是炒煉過頭。

　　② 含油量過多，烤後易使月餅起裙邊，若餅皮比餡稍硬則可改善。

Q 若是炒煉餡不小心炒過頭、炒得太乾硬而失敗，應如何補救？

A 可將餡料回鍋再加水、澱粉少許，用小火慢炒到 76°～77°Brix 軟Q即可，同時亦可防止月餅烤後塌陷。

Q 炒煉餡時要把握哪些重點，才能避免失敗？

A ① 勿使豆沙胚脫水太乾。

　　② 炒煉加熱一開始時水分含量高，以大火炒煉，待濃稠時改中火，炒至難以翻拌時再改小火炒煉。

　　③ 炒餡不能心急，需慢炒，熱度不高於 98℃，砂糖才容易轉化。

　　④ 炒餡達終點後要快速熄火，若未將炒好之餡攤開冷卻，易造成炒好之餡因高熱而繼續蒸發水分、脫水過多，使砂糖反砂、糖結晶，則炒餡失敗。

Q 外購鹹蛋黃，雖有噴高粱酒殺菌並預烤，但為何烤後一週內卻生黴？

A ① 鹹蛋黃鹹度不足。

　　② 蛋白、蛋黃分離後，一定要用煮沸過之濃鹽水（22%）清洗鹹蛋黃，噴高粱酒、預烤，即可防止生黴。

Q 如何調整餡料的乾濕度？

A 餡料太軟濕時，可加入 1～2% 的白色糕粉，攪拌均勻即可，不可打擾太久，否則餡會更軟。凡摻入糕粉愈多，月餅餡組織便愈粗，且糕粉吸油過量的話，餡品質反而不良。若是餡太乾硬，則可添加可保水的山梨糖醇效果最佳，保鮮耐濕，餡面又光亮。

Q 用紅豆沙餡、綠豆沙餡做月餅餡，出爐後為何有時會成梯形或凹陷？

A 主因： ① 餡含水分高　② 烤溫低　③ 餅皮攪拌不足　④ 皮多餡少，或皮軟餡硬。

改善方法： ① 豆餡炒到糖度 78°～80°Brix；

② 烤溫調到 220～250℃；

③ 重新製作餅皮；

④ 用 100% 綠豆沙不良，可添加 20～30% 的白豆沙，以增強澱粉強度。

Q 廣式月餅在烘烤後常出現哪些不良外形？何因造成？

A ① 表面凹下 ‾‾‾‾‾

原因：餡內空氣多或含水分高。

② 上小下大有裙邊 ‾‾‾‾‾

原因：餡含水分多、皮含糖濃度高或餡少皮多。

③ 皮餡分離、鹹蛋黃與餡分離

原因：餅皮含糖度高，或餡摻入太多糕粉。

Q 那些因素是因為餡料炒製不佳，所造成月餅在烘烤後變形之問題？

A 依使用原材料之不同，可歸成以下三大類說明：

豆 沙 餡	
原因	月餅外形或餡口感
水分太高（含水 25% 以上）	呈菱形、梯型凹下
豆澱粉糊化不完全，油滲出	皮餡分離
餡含油量少（不足 20～30%）	餡切面不光潤
豆澱粉粒太粗、黏性差、糖油比無法配合、炒餡太快，致使糖油無法滲透	切面粗糙
炒餡太快，轉化不足反砂，或鍋邊結晶未洗入，糖度高於 82°Brix	餡中有結晶硬粒
炒餡時間不足，餡含水分多	黏牙、粗糙、凹下

伍 仁 餡	
原因	月餅外形及餡口感
餡含油量高、變軟	變形
餡含糖量多、高溫烘烤	爆裂
果仁有油耗味	變味
糕粉加太多、原料差	乾硬
糕粉加入時未拌均勻	有小硬塊

水 果 餡	
原因	月餅外形或餡口感
含水量過高	變形
含水量過少	變硬
反砂（加麥芽糖少於 15%）	結晶
反砂（加麥芽糖大於 15%）	黏牙

Q 若要餡面剖切光亮細潤，糖度、油含量如何控制？

A 月餅烤好最少要等三天待回油完全後，切面才會光亮，其表示此時皮與餡之含油糖量達到最佳的平衡。一般若餅皮的含油量不足，很容易將餡內含的油分吸走，所以月餅皮的用油也不能少於30%。例如蓮蓉餡糖度78°Brix若要切面光亮，則餡嘗起來便會覺得太甜，只有糖濃度高切面才會光亮，但月餅要好吃，其實只要達到風味清香便足夠，但如此一來切面又不夠光亮，此外以水漂洗豆沙，也是餡切面光亮的原因，故影響原因很多。

如果一定要餡切面光亮，可在100kg豆餡加入3kg澄粉（先加水調成糊），在豆沙起鍋前加入餡內炒煉，冷卻後餡的切面就會光亮。但此法需要特別注意的是，冷餡無法吸收外加的糖油，即使用快速攪拌加入，烤後月餅表面還是會塌陷。所以正規的廣式月餅，不論回油後之餡切面是否光面或餅皮是否鬆軟，若要餡切面反光，均要糖油充足，省卻任何一方而再添加任何添加物，均不是正規做法，尤其是做廣式月餅，除了皮、餡該用的粉、糖、油、鹼水，其餘添加的任何原料、添加劑均會影響皮餡之反應，尤其是月餅烘烤後之反應。

Q 三段式隧道爐，烘烤月餅之情況及溫度設定分布如何？

A 其優點是速度、溫度、濕度全自動調整，月餅烘烤時確保中心溫度可達100°C、10分鐘以上，可有效殺菌防黴。

A段：初烤230°C，5～7分鐘：

B段：微上色，人工刷蛋水：

C段：200°C，烘烤10分鐘：

D段：再入另一隧道，130～135°C再烤15～18分鐘：

總烘烤時間：約35分鐘。

月餅整形、皮餡配比之問題

Q 整形所用防黏手粉，以何種為佳？

A 不論台式、廣式月餅，凡用防黏手粉，一律採用高筋麵粉。

Q 為何月餅整形時容易沾黏餅模？

A 轉化糖漿太多或太黏，或貯存時間不足一個月，時間太短、轉化不足，或是餅皮揉搓不足均是原因之一。

Q 月餅生產用手工整形時，常發生哪些問題？

A 主要是脫模的技術不夠熟練，不論是用木模或自動包餡機打模、脫模、成型都相同，亦即工夫要熟練，餅皮不可太黏，脫模後的月餅外形才會美觀。且整形後之生月餅表面花紋必須要立體，頂上稍鼓有層次感，餅模刻花深度要足夠，才能顯示出其立體感。

月餅烘烤之問題

Q 月餅烤後表面花紋模糊不清，為何因所造成？

A ① 蛋水未過濾；

② 刷太多蛋水——只能刷薄薄一層；

③ 脫模後未刷除表面生粉或未噴水即入爐烘烤；

④ 先刷蛋水而後烤焙；

⑤ 蛋水中的蛋白含量太高。

Q 烘烤後，月餅表面向下凹，何因？

A ① 餡料含水量高，高於 25% 以上；

② 烤溫太高（250～300℃），尤其皮頂部份易與餡分開，溫度愈高餅皮膨脹愈高，冷卻後餡收縮便會凹下，皮發皺不平整。

Q 烘烤月餅時，一盤中若有些上色較淺，應調放至爐內何處？

A 若烤爐的爐溫不均，且內側溫度較高時，則淺色應移至烤爐內側，深色則移至烤箱門口。

Q 廣台式月餅，烤後外形冷卻呈此狀　⌒　，何因？

A ① 皮軟，餡硬；

② 皮厚，餡少，配合比例不良。

Q 廣式台式月餅，烤後外形冷卻如此狀　⌒　，為何因？

A ① 皮餡均過軟；

② 餡太軟；

③ 豆餡太油，烤後餅皮滑落。

Q 月餅以 300℃ 烘烤，外形膨脹裂開，是為何因？

A ① 爐溫太高；

② 爐溫低（180℃）使烘烤中餡塌軟下來。

Q 蛋黃酥烤後爆裂，是為何因？

A 餡料太軟，烘烤時膨脹所致，尤其是廣式紅豆沙餡，烤久月餅易爆裂。

烘烤後冷卻、儲存之問題

Q 月餅還在保鮮期內，為何鹹蛋黃發黴？

A ① 鹹蛋黃未先烤至半熟殺菌、噴酒；

② 餡與鹹蛋黃未包緊，留有空隙；

③ 包生鹹蛋黃容易反潮，月餅烤過熟則瀉油、鹹蛋黃變硬不透，所以生黴。

Q 烘烤後之月餅幾天後才可包裝？

A 最少一天以上，讓月餅餡心完全冷卻，若未冷透即提早包裝，月餅會在袋內蒸發水氣，一星期便發黴。

Q 月餅烘烤後冷卻對切卻皮餡分離或鹹蛋黃與餡分離,是為何因?

A ①餅皮包餡時太鬆、餅皮糖含量不足,或餡料含油量不足;
②餡料包入鹹蛋黃時不夠密合,或鹹蛋黃醃漬時間不足,使得烘烤時蛋黃出油太多、太乾。

Q 紅豆沙餡、棗泥餡在炒煉時加入澄粉,可使餡料有Q度,但餡會偏軟,若以250℃烘烤,冷卻月餅會凹下嗎?

A 加澄粉或熟麵粉、糕粉調餡之軟硬,烘烤時會膨脹,冷卻後便收縮凹下,水多,糖多,黏性不足。

Q 月餅烘烤後應注意哪些問題?

A ①冷卻要徹底,以防包裝後有水氣導致生黴;
②若遇到下雨天,空氣中濕氣重,冷卻室則要加強除濕去除水氣。

Q 月餅烤後切開,發現鹹蛋黃無油,是為何因?

A ①餡料含油量太少,蛋黃出的油被餡吸收;
②鹹蛋黃醃漬不佳而無油;
③以180℃溫度烘烤,或時間太長,而使鹹蛋黃瀉油。

Q 蓮蓉月餅烘烤後,為何有裙邊?

A 因廣式月餅餅皮薄,若烤溫太底則定形慢,餅皮在烤箱中軟化攤下,特別是蓮蓉月餅,最容易發生此問題,所以爐溫上火至少要設在250℃以上,才可避免。

Q 月餅烤好冷卻後,餅中心凹下或餅身歪斜 ⌣ ,是為何因?

A ①餡含水多;
②餅皮含糖、油過多;
③高溫烘烤(300℃);
④整形完成後置於室內高溫下太久。

Q 烤後餅身歪斜或餅皮光澤度不夠,是為何因?

A ①餅皮加入的轉化糖漿濃度太稀;
②餅皮搓揉出筋而導致滲油;
③餡料含油量或含水量太多;
④烤爐下火溫度過低。

Q 第一次烘烤月餅時,為何烤3～5分鐘後烤爐內要加襯一個烤盤?

A 此舉乃是為了防止底火過大而使餅底過焦,待爐溫穩定後,第二次續烤時就不必放。

Q 月餅在烘烤後餅身爆裂,是為何因?

A ①餡料含糖量過高,糖漿濃度太稀;
②爐溫低,烘烤時間太長;
③餅皮過硬。若呈鼓形裂開,則表示烤溫過高。
④餅皮太軟或烤後呈梯型 ⌢ ,餡太軟之影響佔90%,烤溫低則佔10%,且餅腰會裂開。

Q 廣式月餅在烘烤後餅皮上色不均的原因?

A ①包餡時施力不均,使餅皮厚薄不一致;
②月餅入模整形時,沾黏太多手粉。

Q 廣式月餅烘烤後卻不耐久存，原因何在？

A ① 皮薄餡多，包餡技術不純熟，易包入空氣，為生黴之重大原因；

② 儲存冷卻成品的衛生環境太差，月餅易受污染；

③ 餡料的生菌數過高；

④ 月餅未烤熟。

Q 為何蛋黃酥要先刷蛋水，而廣式月餅要先烤再刷呢？

A 蛋黃酥以色澤金紅偏褐為標準，所以在烤前要刷濃蛋水；若是廣式月餅，餅皮刻花紋路細緻，不能先刷後烤，否則水性重的液體刷在未烤前的廣式薄餅皮上，浸泡稍久一點，薄餅皮花紋便會模糊不清，烤後花紋也會變得乾凸，花紋不柔和，無法顯示出廣東月餅之美感。

Q 為何剛烤好之月餅立刻切開鹹蛋黃有油，但放置 2～3 天後再切餡，鹹蛋黃就失去油光？

A 上述情形以豆沙餡類月餅最為常見。若餡內含油量達 30% 時，鹹蛋黃之出油情況就會較佳，一般而言，鹹蛋黃先烤再浸泡麻油內一天，便可增加鹹蛋黃之油潤感。

包裝材質之問題

Q 月餅在烘烤完成、冷卻後，在包裝上應注意哪些問題？

A ① 脫氧劑需選擇能與月餅重量配比之分量包裝；

② 包裝袋需使用不透氣的高密度材質，並抽真空、充氮氣，加裝脫氧劑，封口五道以防爆裂；

③ 出廠時一定要在包裝打上有效日期及保存期限；

④ 包裝外盒若需長途運輸，以鐵盒最為理想。

Q 月餅為何不可用乾燥劑來保鮮？

A 乾燥劑會吸收月餅表皮的水分，使餅皮變硬，失去柔軟口感。

銷售、運輸、保存之問題

Q 月餅銷售時應注意哪些事？

A ① 月餅出廠前要全程 4°C 保存，保鮮期一週；

② 注意有否加蓋有效日期及保存期限；

③ 銷售地區數量控制，與移動運輸過程的保存條件；

④ 每個銷售站，需回報每日銷售品種及盒數；

⑤ 製作表格以明確記錄各地銷售月餅的生產計畫，以便安排蓋印、標打出廠日期。

Q 月餅銷售前，衛生條件要委託檢驗哪些項目？

A 生菌數及大腸桿菌群。

Q 何種銷售場地需特別留意，以免月餅存放發生問題？

A 污染細菌多之衛生不良地區以及日曬地區，均不適合銷售。

Q 月餅運輸中要注意哪些問題？

A 不可摔撞及重壓，切忌高溫日曬、燜熱，以免月餅變質。

Q 烤好後之月餅應貯存於何處？

A ① 貯存於 0°C 冷藏庫；

② 防止蚊、蠅、蟑螂、螞蟻、灰塵、日曬、燜熱。

Q 貯存 0 ℃ 冷藏庫，在銷售保鮮上有何優點？

A 確保銷售出貨保持新鮮，可解決海外大量銷售的保鮮問題，避免月餅在長途運送過程中腐壞。

月餅保鮮之問題

Q 月餅易生黴之原因？

A ① 所購原材料，食材含生菌數太多、有害菌多，或雙手、工作檯、空氣中，均未消毒乾淨所致；

② 生產月餅時若適逢雨季，烘烤後之月餅，冷卻時濕氣不易散失，也是造成生黴的機會；

③ 蛋水若刷得太厚積在表面溝紋處，或噴霧水太多，若烘烤溫度不高，濕氣保留，未烤熟透則易生黴；

④ 月餅冷卻後包裝，工作人員雙手沒有消毒污染工具，均易生黴；

⑤ 月餅包裝時放入之脫氧劑，吸氧能力因水活性高，不能耐久。

Q 如何控制月餅發黴的問題？

A 黴菌在我們的生活環境中可謂是無所不在，尤其是炎熱潮濕的季節，繁殖得很快。有益的黴菌可以用來製造醬油、紅麴、米酒、盤尼西林，但是有害的黴菌數量更多，如食品綠黴、花生的黃麴黴，均是致癌兇手。土壤中的黴菌最多，同時黴菌也隨著灰塵沙粒漂浮在空氣中，飛散各處而污染帶原，所以首先便要建立一間月餅的無菌包裝室，此乃延長月餅銷售生命最重要的工作。

首先要濾除進入無菌室空氣中之細菌，保持室內空調 10 ℃ 乾燥狀態，並用紫外線空氣殺菌。員工要進入該室前，全身包含帽子、外衣、口罩均經高溫殺菌。操作前工作人員一定要洗手並用 75% 的酒精消毒殺菌；工作鞋經含氯之水殺菌，25ppm 餘氯殺菌效果，開工前一天需用 30ppm 氯水洗刷消毒地面；工作地面、工作檯、工機具，均需以 75% 濃度酒精噴霧殺菌，以減少塵土灰塵之飛揚。月餅外包裝材料需噴濃度 75% 之酒精殺菌，以及紫外線 24 小時照射；包裝月餅袋中可放脫氧劑，充氮氣。

Q 為何伍仁月餅餡容易生黴？

A ① 伍仁月餅餡堅果多，攪拌時易造成包含空氣在內，空氣含黴菌，剛好成為孳生的溫床；

② 烘烤伍仁月餅時，餡中心溫度要維持在 150°C 以上、15 分鐘，才能確保殺菌完全；

③ 正規的伍仁月餅，皮要比餡硬些，才能避免變形爆裂而接觸空氣。

Q 正常之月餅保鮮期為期幾天？

A 只放置脫氧劑可保鮮一週。若包裝室、衛生、控制細菌、真空、脫氧劑、充氮氣，包裝五道封口，則可保鮮一個月。

Q 古早式台式月餅皮很硬，保鮮期為多久？

A 不加防腐劑可保鮮一週。

附錄

月餅餅皮麵團分類與特色

‖ 漿皮麵團 ‖

以廣式月餅為主，台式龍鳳喜餅餅皮亦屬漿皮

成　　分：以糖漿為重點的餅皮配方，主成分為糖漿、花生油、鹼水、麵粉。餅皮為單層，依其質地軟硬又
　　　　　為分鬆軟餅皮，如廣式月餅、龍鳳喜餅，以及硬皮類的天津宮餅、提漿月餅兩大類。

製作特色：漿皮麵團的最大特色在於使用轉化糖漿，或單純以砂糖煮成的糖漿，加入餅皮材料中製作。餅皮
　　　　　糖多、油少，不加蛋及水，可塑性佳，皮薄餡多，花紋明顯，餅皮回油有光澤。

‖ 糕皮麵團 ‖

以台式月餅為主

成　　分：以麵粉、砂糖、油、水或蛋混合成的鬆酥麵團，餅皮烤後無層次，又分成重油及輕油兩大類。

製作特色：質地膨鬆，用料方面受到西式及日式糕餅的影響，其餅皮麵團可以水或蛋調整餅皮麵團的軟硬
　　　　　度，但可塑性不佳，花紋不清。若使用糖、油、蛋比例較高，則產品鬆酥；若再加入化學膨大
　　　　　劑，則可做出鬆酥、薄脆、硬酥等口感，缺點是烤後易變形。而糕皮配方中，若蛋多則產品鬆，
　　　　　糖多則脆，油多則酥，水多則硬，可利用上述原則以製作出不同特性的產品。

‖ 古早式糕皮麵團 ‖

大陸福建老式禮餅

成　　分：主要由麵粉、水、油、麥芽糖與極少量的蛋所混合而成的。

製作特色：製法上需將水加熱至90℃，加入冰油脂中拌至乳化漿狀，再分次加入麵粉揉成餅皮麵團，又稱之
　　　　　為「水油麵皮」。現今的糕皮製作便是由此逐漸演變而來的，發展至今雖然主成分原料差異不
　　　　　大，但糕皮麵團中蛋和油的使用量大增，同時也以砂糖取代麥芽糖，甚至加入膨大劑，所以口感
　　　　　相差甚遠。

‖ 層酥類麵團 ‖

水皮、油皮的油酥皮月餅，蛋黃酥、綠豆凸以及蘇式月餅均屬此類

成　　分：由水皮麵團與油皮麵團所組成。水皮麵團中包含中筋麵粉、糖、鹽、水、油脂或蛋，而油皮麵團
　　　　　則只有低筋麵粉和油脂相拌合。

製作特色：最大特色乃在於以彈性佳的水皮包覆酥性大的油皮，再經層層擀折而成。經2～3次擀捲烘烤
　　　　　後，餅皮層次多且酥脆鬆香。台式月餅中的蛋黃酥、綠豆凸、蘇式京式月餅、潮州月餅均屬之。

‖ 冰皮麵團 ‖

所有款式之冰皮月餅均屬此類

成　　分：主成分為麵粉、糯米粉、糖粉、奶水、白油。

製作特色：將全部材料混合成均勻的液狀，蒸熟揉均即為色澤潔白、彈性十足的冰皮麵團，具有類似麻糬的
　　　　　口感。冰皮月餅是近十數年來的新式月餅，其內餡口味變化萬千，餅皮可在製作時添加食用色素
　　　　　或天然色料，製作出粉紅、嫩綠等不同色彩的餅皮，甚至具有養生保健功效的產品。

月餅烘焙全程

‖ 月餅全自動生產流程簡介 ‖

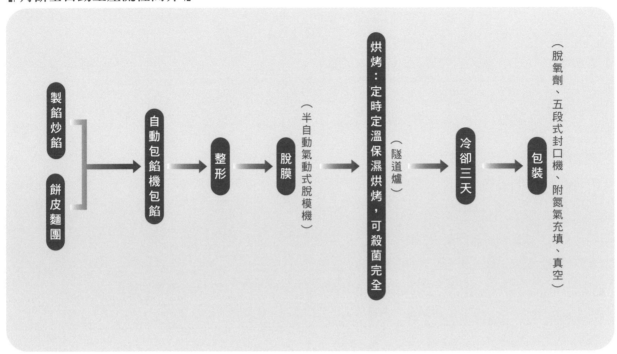

製餡炒餡
餅皮麵團
→ 自動包餡機包餡 → 整形 → 脫膜（半自動氣動式脫模機）→ 烘烤：定時定溫保濕烘烤，可殺菌完全（隧道爐）→ 冷卻三天 → 包裝（脫氧劑、五段式封口機、附氮氣充填、真空）

月餅之正規製作 —— 從開始到包裝

‖ 事前準備 ‖

❶ 原材料早期準備

選料要盡心、精心，遇到需要提早訂購的蓮子、鴨蛋、製作糖漿、鹼水等重要工作，都要提前排定工作，才不會措手不及。尤其麵粉不可生黴，要選用新鮮製作的。

❷ 月餅餡自製或外購規格要求

水活性、糖度、含油量、生產成本、利潤之要求、銷售量等條件，都需在生產前制定規劃完成。

❸ 製作月餅之種類

廣式月餅、台式月餅或蘇式月餅、冰皮月餅，各有其不同的生產條件與餅模外形，所以在決定好要製作哪一種月餅後，便要開始進行餅模的訂購，包括雕刻花紋、數量、方型或圓形以及斤兩大小、重量、單盒個數等等，均要製作生產計畫表格，才能使生產製程有條不紊。

❹ 生產量與銷售量、包裝耗材

月餅製作產量、預估銷售量以及所需的包裝材，此三者的量以及包裝的花色設計，均要提早在生產前一個月計劃預訂。

⑤ 銷售地區品種與月餅種類、規格

在此需預先評估各銷售地區以何種價位之月餅種類規格較受歡迎,確認後再回推分析該款月餅之出廠成本、生產成本與銷售成本,以符合利潤。

⑥ 月餅包裝

月餅包裝除了要依售價、消費族群特別做安排設計外,包裝設計的內部細節與進度時間也需要細心確認,以免忙中出錯,而影響到月餅的包裝銷售。以下便是幾個包裝上的重點:

1 訂內外盒、花紋、數量、交貨日期(6月底)、金額

2 內托盤

3 手提外袋

4 真空袋訂製

5 脫氧劑

6 外包裝紙盒及外黏貼紙

❼ 月餅生產日期安排

每年三月底:規劃月餅盒外型、手提袋設計。

每年四月底:月餅品種提出,月餅的形狀及餅模之決定。

每年五至六月:月餅樣品試做,成本試算,提出每種產品價格,六月份可開始登報做廣告。

每年七月份開始:將決定好的月餅盒、手提袋試用製作樣品,送樣供大批訂貨用。

月餅製作重點提示

‖ 餅皮製作 ‖

❶ 熬糖漿

主要在於熬好糖漿後,要儲存 1 ～ 3 個月後,才能開始正式使用,所以一定要提前開始生產。而糖漿濃度太濃或太稀,都是造成會影響月餅生產成功與失敗的下一步驟。

❷ 加油的量

油加得太多或太少,均是影響製作月餅成功與失敗的重要因子。

❸ 糖漿、鹼水、麵粉、油脂的拌合

柔軟可塑性佳的餅皮麵團,是上述這四種成分在 R.P.M.慢速攪拌下,再加上放在工作桌上用刮板由下往上慢慢翻拌壓揉,才能製作出具優良可塑性、彈力拉力均強而不破的餅皮。而後續在分割餅皮的動作上,需謹記每次搓動麵團後,都要讓餅皮再鬆弛 15 ～ 20 分鐘,再進行下一個步驟,以免麵筋斷裂。

❹ 月餅的大小

可先購置月餅模,再依餅模之尺寸來製訂月餅規則;或者也可先決定希望生產的月餅規格(包括大小、花紋字體、外形等條件)。但是不論採用何種方式來製作月餅,均需清楚用料的計算。

❺ 月餅皮、餡分割,包著整形,打印入烤盤

A 手動與自動化包餡

手 工 操 作:餅皮要軟而餡稍硬才容易包著,整形時則要包著成正面大、收口小的麵團,如此壓入餅模後,才可以輕鬆壓出表面完整、花紋立體的月餅。至於脫模的動作是否熟練,則取決於練習的次數,只要在正式生產前取餅皮麵團練習脫模,多次後即可駕輕就熟。

自動機械操作:餅皮稍硬,餡要比餅皮稍軟,才容易進行自動化包餡工作。

三 重 包 餡:即餅皮、餡料、鹹蛋黃一次包著完成時,皮餡比需採用 1:4。

B 半自動與全自動整形打印機

利用半自動氣動式打印機,依打印機規格不同,可一次打印整形大月餅四個或迷你月餅六個,操作時乃是手工將餅皮包餡後,在打印機模內抹油,將月餅壓入。其優點是容易脫模、外形美觀,容易快速操作。

若用日製快速自動化打印成形機來整形,餅皮包餡之麵團表面需撒高筋麵粉以防沾黏,同時餅皮配方不可太黏,否則當打印、壓模、脫模一貫作業成型時,就會黏模、不易脫模。

C 排盤

月餅在打印整形完成後排放在烤盤上,使用軟硬適中的毛刷刷除表面餘粉後(避免破壞花紋),即可準備烘烤。

烤盤均依烤箱或烤爐而量身訂作,隨著烤箱大小不同,烤盤也有不同的長寬。但無論烤盤長寬多少,排放月餅時都需要一定的間距,距離過密則月餅側邊則不易上色,甚至不熟,月餅易生黴、不耐久儲;距離過疏則會浪費時間及電費資源。原則上,無論月餅大小,排盤時每個月餅的間距以維持 3～4cm 左右即為最恰當。

月餅脫模後置於室溫下的時間不可太久,否則未烤前即變形,需安排好烘烤時間流程並加以注意配合。此外,月餅入爐前要先噴霧水,讓月餅表面的麵粉不是白色即可,也不可噴太多水使餅皮過濕。

而若是一貫成形的流程系統中用粉過多,烤後常會有餅皮表面有白點、皮與餡易分離、餅皮乾硬,冷卻後餅皮成針狀脫落等情形產生。

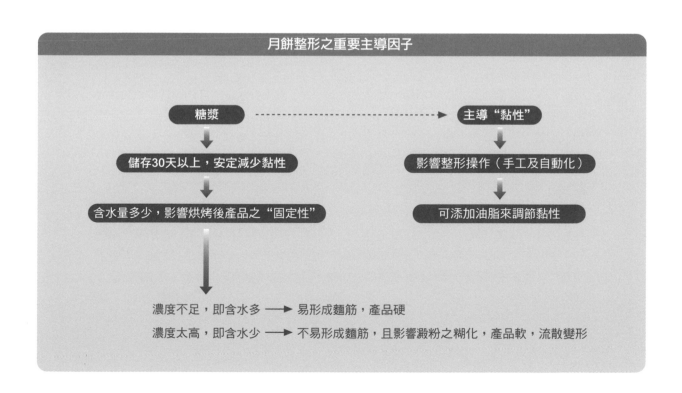

❻ 烘烤

烘烤餅色不能太深，也是烘烤一大重點，只要能把握住餅皮回油前之烤餅色即可。而廣東月餅、台式月餅、蘇式月餅在烘烤時，餅色之決定都不太一樣，現條列如下：

A 廣式月餅

烘烤爐烘烤餅色若為中深色度，一旦回油後餅色則會轉為黑深、咖啡色，所以烘烤時切忌希望廣式月餅皮一次烤到色澤剛好，否則待回油後餅色便偏深焦色，應烤至比希望色澤略淺即可。

B 台式月餅

因為台式月餅並無回油的問題，所以一旦烘烤至希望的餅色時，立刻出爐即可。尤其是綠豆凸更要注意，烤至表面膨脹如鼓，餅皮微著淺色則要立刻出爐。兩面煎月餅則是要烤至雙面金黃色或烙紅色。

C 蘇式月餅

餅皮和台式月餅相同亦不回油，只要烤到色澤美即可出爐。

烤爐與烤溫

●關於烤爐

一般商店及小型工廠以平板爐烘烤月餅為多。烘烤時多半以上火為主，下火只是助烤，爐溫雖設定在 280°C，但實際上多半在 250°C 左右。選購烤爐時，規格上至少爐溫可達 300°C、爐溫平均，且有玻璃保溫省電，才不易冷熱不均。

烤月餅用平板爐需在第一次烘烤至 3～5 分鐘時，於底部加一層倒扣烤盤將底盤襯高，此外亦要看平板爐之爐距，是上下間隔 10 或 12 英吋，不能硬性規定烘烤溫度與時間，並加以試烤以決定烘烤月餅餅色之溫度及烘烤時間，再作調整。而目前的烤爐規格中，以隧道式烤爐效果最佳，烘烤時共分三段式：

初烤月餅微上色刷蛋水後，熱風殺菌，控制排氣溫度自動控制，排濕、控濕，以保持烤月餅之最佳狀態，烤餅火色均勻，賣相出色，且利用隧道爐烘烤之月餅除了餅色、軟硬度佳，內部利用高溫長時間烘烤，也不會有失重欠濕度的缺點，且在高溫 160°C 以上殺菌，即不必添加防腐劑來解決易生黴等問題。

若是保溫效果佳之高級烘烤爐，可用上火 200°C、下火 180°C，烤到月餅微上色再取出刷蛋水，入爐後上火 160°C 燜烤 10 分較不易生黴，特別是保持濕度溫熱下，進行烘烤、殺菌，效果最佳，月餅表面亦不易乾燥。此外第一次烤焙時，為使上火能更接近餅皮，可在烤盤底下再襯一個倒扣的烤盤，烤第二盤時爐溫已平均足夠，便可抽掉。

●關於烤溫

烤爐月餅烤溫大多外表受熱在 200～250°C 之間效果較佳。如果爐溫大於 250°C，則月餅外表容易烤焦糊、爆裂；如果爐溫小於 250°C，餅皮外表不光亮，內部製品不易烤熟，尤以廣東月餅皮薄餡多，長時間烘焙若表面不盡快定型，則內餡油多就會使月餅慢慢變形，尤其是蓮蓉餡特別有此現象。然而每一台烤爐，因結構、保溫、材質之不同，當烘烤時其控溫器、計時器也都會有誤差，所以任何書中所列出的烘烤時間，僅能作為參考的指標，實際操作時切記不可離開烤爐，需隨時調整，才能烘烤出完美的成品。

❼ 冷卻

　　月餅烤好出爐最好在爐旁待稍冷後，移到另一個殺菌過並鋪上防油蠟紙盤上，排好冷卻。新加坡有些月餅舖，會特別將烤好之月餅翻轉倒扣置於殺菌過之木板上，用熱風吹去月餅餅底之濕氣，然後再翻回正面，如此則不易生黴。放在有蠟紙底之盤內，外加標籤，註明種類、品名、重量、規格、生產日期等，待個別包裝或真空包裝，排入鐵盒或整袋包裝等方式。

　　如果該批豆沙太油或餡含水多，以 270 ～ 300℃ 烘烤，月餅就會塌下，經加入 0.5% 糕粉於餡內則可改善。

❽ 包裝

A 烘烤好之月餅，冷卻後二天至三天半便可進行包裝程序。

B 包裝材料：複合膜材料不透氣，每個單獨包裝。

C 脫氧劑：每個大月餅 180g，放相當量之脫氧劑袋。一般標準生產之脫氧劑乃專為 180g 之大月餅所設計，若有不同大小需求，則需事前計算訂購。

D 為有效期保持兩個月，充氮氣後封口，封袋務必要封牢，封好立刻檢查，不可漏氣；此外充氮氣而不充二氧化碳的原因，在於二氧化碳會使月餅變酸。

E 包裝室內安裝負離子殺菌，室內細菌裝冷氣空調儲存及紫外線殺菌燈。

F 月餅之封口為上下二道，袋面上最少有五條封牢線，因為若充滿氮氣袋，若封不牢很容易破袋失敗。

❾ 銷售

A 店舖銷售

　　手工自製炒餡手續較簡易，但月餅封袋後必須要在一星期內食畢。若想延長儲存期限，若只能加強脫氧劑的分量，則需在兩週內銷售食畢。

B 工廠營業外銷

　　保鮮期至少要在一個月以上，此時要處理的工作就增多了，例如炒餡需提高炒到糖度 78°，烤溫 250 ～ 270℃ 之間，此外包餡用的鹹蛋黃，其鹽漬鹹度及時間均要足夠，烤完儲存在麻油中以防氧化。月餅烘烤出爐冷卻時要完全冷透，單個月餅包裝最少要達到下列條件：

① 包裝材料需事先經紫外線殺菌；

② 真空包裝：五段式封口機封口，內放脫氧劑並充填氮氣，至少可儲存 1 ～ 2 個月。

　　製作月餅時，要把握決定最後終點炒餡度、包裝材料及包裝方式以及鹹蛋黃的處理，其中只要有一項不合格都屬失敗。若是要製作外銷用的月餅，保鮮期則十分重要，建議在出廠前就有完整的保鮮期測試，以防月餅外銷至國外卻生黴敗壞，損毀商譽。

月餅工廠規劃

　　無論是生產何種產品之食品工廠，都必須建立一套完善的作業流程，並明確規劃出各廠區的執行內容，同時必須顧及各廠區之間的動線是否流暢以及衛生條件之控管，才能達成生產一貫化作業的最佳效率，並使產品均能符合政府規定之食品衛生安全標準。

‖ 硬體設備 ‖

❶ 原料程序

　　風選機、篩選機、不鏽鋼選豆工作桌、電動式推高機、洗豆機、分級機、冷藏庫。

❷ 蒸煮程序

　　炊煮二重鍋攪拌機（瓦斯直火式）、吊箱、吊籃、餡料冷卻盤、自動炒餡機、皮餡篩濾機、脫水機、電動攪拌機。

❸ 整形～包裝程序

　　皮、餡、鹹蛋黃自動成型機、分餡機、包餡機、打模壓花機、平板式烤爐（電力／瓦斯）、三段自動隧道式烘烤爐、包裝機、無菌冷卻包裝室、真空抽氣充氮封口機。

‖ 廠區規劃 ‖

　　全廠房應劃分為以下三大加工處理廠區，除可增進工作流程之順暢，也可避免交互污染：

❶ 製作處理區

A 原材料易污染區

B 原料餡類加工區

C 月餅皮餡分割、包餡、整形區

D 烘烤區

E 成品冷卻區

F 成品包裝區

G 成品材料儲藏室（建議設在二樓以上，以滑道輸送供給）

H 空調包裝無菌室

❷ 品管室

　　檢測原料、餡料及產品之各項品質控制，直接受總經理、廠長直接指揮運作，需負責對職工進行衛生訓練。

❸ 廁所消毒衛生控制區

　　應與廠房分開，並備有消毒室與護理人員。

‖ 制度建立 ‖

　　月餅工廠最重要的就是細菌的衛生控制與產品保鮮期。以衛生控制而言，品質管制為其首要目標，以下分別舉例說明：

1　職工人員進廠消毒殺菌程序如 P.197 所示。

2　採購生鮮原料之鮮度。

3　採購乾豆、核果類之病蟲害，是否有生黴、油耗味（氧化）、儲存期限長短。

4　採購麵粉筋度（即蛋白質之含量）之測試控制與檢測。

5　採購餡料之軟硬、香味及口感，與大腸桿菌、生菌數之測試。

6　生產成品：月餅皮之回油狀況、餡料烘烤後之大腸桿菌、生菌數之測試。

7　包裝材料（尤其是直接與月餅接觸之內包裝）之大腸桿菌、生菌數之測試。

●甲級外銷月餅工廠設計參考圖

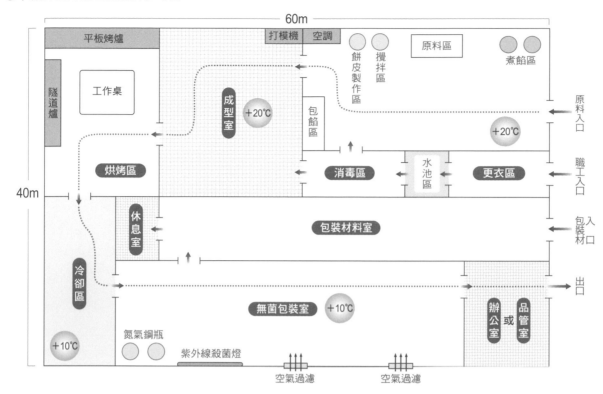

月餅工廠職工進廠消毒殺菌程序

　　消毒殺菌對於食品工廠而言，是極為重要的一環，除了食品本身的衛生品管，所有參與製作流程的職工人員之衛生控管也同等重要。因為在製作流程中，除了空氣環境中充滿了飛灰砂塵，而包括職工人員的毛髮、衣物上的塵埃、手上的細菌以及鞋子上的泥砂等等，每一個環節都有可能對食品造成污染。所以為了嚴格控管工廠內的衛生條件，所有工廠職工在進廠前，均應戴上口罩、手套，換穿工作衣與工作膠鞋，還要定期為職工做衛生訓練，品管員亦需不定時前往廠內抽查職工之清潔，以及是否附帶細菌、工具是否定時消毒等等，以確保廠房之衛生安全。

●職工進廠消毒流程

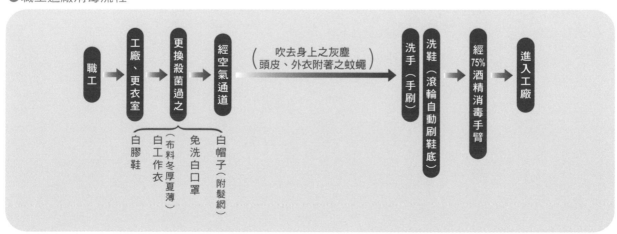

月餅工廠實務範例

自動化月餅廠投資範例

‖ 投資月餅工廠範例 ‖

● 生產量

每日生產每盒4個裝之月餅2000盒。

● 總投資金額

新台幣8800萬元（包含土地廠房機械），其中廣告費佔15%，損耗佔5%，折舊7年分攤。

● 機械設備

1 自動攪拌機：3台（規格：30kg／次），2台供餅皮攪拌用，1台供調製餡料用。若需自製餡料，則另需炒餡機3台（規格：400公升／蒸氣3kg/cm²／每次製作成品130kg）。

2 自動包餡機：2台（規格：40個／分）。

3 自動打印機：2台（規格：40個／分）。

4 自動排盤機：2台（規格：60個／分）。

5 隧道烘烤爐：1台（規格：8000個／小時）。

6 包裝機：5台（規格：附充氮氣、抽真空設備及五道封口安全封線機）。

● 廠房

面積約7500平方公尺，空間規劃包含：餡料倉庫、包裝室（無菌、殺菌設備）、打鹹鴨蛋室（現打現處理）、冷藏室（0～5℃／5～10℃兩種）、生產廠房五大區。

● 售價

零售價NT1000元／每盒4個

出廠價NT200元／每盒4個（以上數據以蓮蓉蛋黃月餅為例）。

手工打模月餅廠生產流程範例

‖ 生產事前準備之重要注意事項 ‖

● 鹹蛋黃之預訂、數量、大小規格、成熟度

● 餡料自製

1 原料新鮮度之採購

2 油脂、糖之品質規格

3 生產日期品種數量之預定

● 餡料外購

1 糖度、含油量、水分、生菌數之各種品管

2 樣品試送、試烤

3 糖度76°Brix／含油量25%／水分含量15%以內／生菌數每公克10萬個以內

● 月餅包裝材質：

紙、鐵盒、花紋、預訂、裝內容量、價格、數量、品種之安排、內盒、真空、充氮氣、脫氧包價格（依月餅大小而定）。

● 工作現場、機具之準備

‖ 工作現場準備事項 ‖

（以每日生產8000個之小型工廠為例）

● 機具備妥

● 製作月餅生產計畫表（下表）

□□年□□月□□日　月餅工廠生產計畫

生產月餅規格：蓮蓉餡（圓形模）	月餅生產總量：40000 盒
65 公克迷你月餅：每盒12 粒	每日生產量：　1333 盒

品項分配：

品項	盒數	木刻花形	氣墊外形
豆沙瓜仁	10000盒	圓形	圓形
棗泥蛋黃	10000盒	圓形	圓形
椰蓉蛋黃	10000盒	方形	方形
白 蓮 蓉	10000盒	方形	方形

‖ 外訂刻模規格及數量 ‖

餅模字樣	數量	木刻花形	月餅尺寸	月餅重量
豆沙瓜仁	20 支	圓形	51mm（內徑）× 27mm（深）	65g ／個
棗泥蛋黃	20 支			
椰蓉蛋黃	20 支	方形	51mm（內徑）× 27mm（深）	65g ／個
白蓮蓉	20 支			
豆沙瓜仁	20 支	方形	45mm（內徑長）× 45mm（內徑寬）× 27mm（深）	65g ／個
棗泥蛋黃	20 支			

‖ 月餅原材料採購清單 ‖ ……………… 以廣式月餅為例

● 準備材料計算原則

● 決定皮餡比

● 準備工具與材料── 5 月備好木刻模，6 月備好原材料

（開始熬製轉化糖漿，同時備妥麵粉、酒、砂糖、檸檬酸、食用鹼粉、生花生油、鹹蛋黃、香油、椰蓉餡、芝麻、瓜仁、五仁、蓮蓉、脫氧劑、保鮮膜等）

‖ 人員安排 ‖ ……………… 以每日生產 16000 個為例

主任：1 人　品管：1 人　現場領班：1 人

● 烤前生產線

餅皮製作：3 人／餅皮分割：2 人／餡料分割、過磅：3 人／手工包餡：6 人／敲模：4 人

● 烘烤

烘烤領班：1 人／烘烤、噴霧、刷蛋水：3 人

● 包裝

包裝領班：1 人／脫盤：1 人／包裝：6 人／折包裝紙盒：6 人

● 搬運

搬運：1 人／送貨司機：1 人

餡料收率糖度一覽表

生餡胚	配方成品餡料	終點糖度(Brix)	配方餡料收率(%)	索引頁數
乾蓮子 → 蓮蓉胚 收率300%	廣式紅蓮蓉餡	76°～80°	67	50
	台式紅蓮蓉餡	72°	62	156
乾紅豆 → 紅豆沙胚 收率230%	廣式烏豆沙餡	78°	66	51
	台式紅豆沙餡	72°	76～80	74
乾紅豆 → 紅豆沙胚 收率250%	冰皮粒狀蜜紅豆餡	60°～65°	55	174
	冰皮蜜紅豆餡	58°	56	173
乾棗 → 棗泥胚 收率77%	廣式棗泥餡	78°～80°	76～78	52
		76°	82.3	153
乾白豆 → 白豆沙胚 收率200%	台式白豆沙餡	70°	80	76
		78°～80°	78	165
	桂圓豆沙餡	76°	65	80
	牛奶豆沙餡	78°～80°	61	80
	芋泥豆沙餡	78°	78	80
	奶油椰蓉餡	78°	73	78
	咖哩餡	73°	76	77
	綠茶餡	72°	78～80	79
	冰皮蓮蓉瓜子餡	72°	78～80	170
	冰皮水果餡	72°	78～80	171
	油蔥蛋黃酥餡	78°	72.7	158
綠豆仁 → 綠豆沙胚 收率190%～200%	台式綠豆沙餡	70°	88	75
		70°	88	159
—	鳳梨醬	80°	25	81
老冬瓜 → 冬瓜泥 收率33%	冬瓜醬	82°	48～53	167
嫩冬瓜 → 冬瓜泥 收率20%	奶油冬蓉醬	82°	48	81
生芋頭 → 芋泥泥 收率75%	冰皮芋泥餡	78°	73	172

※以上乃為本書中所提供之餡料配方之收率與糖度的參考，實際數值會依操作者之經驗與熟練度不同而有所誤差。

烘焙材料行暨製餅機械廠商名錄

（因各店家地址及銷售商品時有變化，若有意前往購買，請先電話聯絡確認。）

基隆市

美豐商店	02-24223200	基隆市孝一路 36 號
富盛烘焙材料行	02-24259255	基隆市曲水街 18 號
嘉美行	02-24621963	基隆市豐稔街 130 號 B1

台北市

大億烘焙器具有限公司	02-28838158	台北市後港街 119 號
正大食品機械	02-23110991	台北市康定路 3 號
大通	02-23038600	台北市德昌街 235 巷 22 號
燈燦貿易有限公司	02-25533434	台北市民樂街 125 號
洪春梅西點器具	02-25533859	台北市民生西路 389 號
飛訊	02-28830000	台北市承德路四段 277 巷 83 號
歐品食品行	02-25948995	台北市延平北路四段 153 巷 38 號
永利行	02-25575838	台北市迪化街一段 160 號
美洲食品公司	02-25968049	台北市雙城街 18 巷 7-1 號
白鐵號	02-25513731	台北市民生東路二段 116 號
東遠國際公司	02-23650633	台北市金門街 9-14 號
全家	02-29320405	台北市羅斯福路五段 218 巷 36 號
菁乙 DIY 烘焙材料行	02-29331498	台北市景華街 88 號
向日葵烘焙 DIY	02-87715775	台北市市民大道四段 68 巷 4 號
禾廣	02-27416625	台北市延吉街 131 巷 12 號 1 樓
果生堂	02-25021619	台北市龍江路 429 巷 8 號 1 樓
源記食品有限公司	02-27366376	台北市崇德街 146 巷 4 號 1 樓
義興西點原料行	02-27608115	台北市富錦街 574 巷 2 號
申崧食品有限公司	02-27697251	台北市延壽街 402 巷 2 弄 13 號
珍饈坊	02-26589985	台北市環山路二段 133 號 1 樓
元寶實業公司	02-27923837	台北市瑞湖街 182 號
得宏	02-27834843	台北市研究院路一段 96 號
卡羅國際企業	02-27886996	台北市南港路二段 99-2 號
松美	02-27272063	台北市忠孝東路五段 790 巷 62 弄 9 號

太平洋 SOGO 百貨總店	02-27713171	台北市忠孝東路四段 45 號
新光三越百貨（站前店）	02-23885552	台北市忠孝西路一段 66 號
新光三越百貨（南西店）	02-25682868	台北市南京西路 12 號
新光三越百貨（信義店）	02-87801000	台北市松壽路 11 號
大葉高島屋	02-28312345	台北市忠誠路二段 55 號
遠東百貨超市（寶慶店）	02-23812345	台北市寶慶路 32 號

新北市

佳佳	02-29186456	新北市新店區三民路 88 號
崑龍食品公司	02-22876020	新北市三重區永福街 242 號
合名公司	02-29772578	新北市三重區重新路四段 244 巷 32 號
麗莎烘焙材料	02-82018458	新北市新莊區四維路 152 巷 5 號
艾佳食品有限公司	02-86608895	新北市中和區宜安路 118 巷 14 號
文章 DIY 烘焙器具	02-22498690	新北市中和區光華街 54 號
安欣食品原料行	02-22250018	新北市中和區連成路 389 巷 12 號
全家	02-22450396	新北市中和區景安路 90 號
德麥食品公司	02-22981347	新北市五股區五股工業區五權五路 31 號
今今食品行	02-29817755	新北市五股鄉四維路 142 巷 14 弄 8 號
加嘉	02-26497388	新北市汐止區汐萬路一段 246 號
全成功	02-22559482	新北市板橋區互助街 20 號
旺達食品原料行	02-29620114	新北市板橋區信義路 165 號 1 樓
聖寶	02-29633112	新北市板橋區觀光街 5 號
大家發	02-89539111	新北市板橋區三民路一段 101 號
勤記食品股份有限公司	02-22742727	新北市土城區永豐路 195 巷 27 弄 22 號
銘珍食品廠有限公司	02-26261234	新北市淡水區下圭柔山 119-12 號
溫馨屋烘焙店	02-26214229	新北市淡水區英專路 78 號
馥品屋	02-26862569	新北市樹林區大安路 175 號
永誠	02-26798023	新北市鶯歌區文昌街 14 號

桃竹苗

華源食品行	03-3320178	桃園市永安路 281 號
艾佳食品有限公司	03-3320178	桃園市永安路 281 號
和興西點器具行	03-3393742	桃園市三民路二段 69 號
好萊屋食品原料行	03-3331879	桃園市民生路 475 號
陸光食品公司	03-3629783	桃園縣八德市陸光街 1 號
廣福林有限公司	03-3638057	桃園縣八德市富榮街 294 號
艾佳食品有限公司	03-4684558	桃園縣中壢市環中東路二段 762 號
桃榮食品用料行	03-4221726	桃園縣中壢市中平路 91 號
台威食品有限公司	03-3291111	桃園縣龜山鄉東萬壽路 311 巷 2 號
新勝食品原料行	03-5388628	新竹市中山路 640 巷 102 號
烘焙天地 DIY	03-5620676	新竹市建華街 19 號
葉記食品原料行	03-5312055	新竹市鐵道路二段 231 號
永鑫食品機械公司	03-5320786	新竹市中華路一段 193 號
力場食品機械公司	03-5236773	新竹市中華路三段 47 號
新盛發食品行	03-5323027	新竹市民權路 159 號
萬和行（食品器材）	03-5223365	新竹市東門街 118 號
德麥（新竹辦事處）	03-5622188	新竹市東南街 167 巷 53 弄 10 號
富翔國際食品有限公司	03-5398878	新竹市海浦路 179 號
Homebox 生活素材館	03-5558086	新竹縣竹北市縣政二路 186 號
艾佳食品有限公司	03-5505369	新竹縣竹北市成功八路 286 號
天隆食品原料行	03-7660837	苗栗縣頭份鎮中華路 641 號

中彰投

辰豐實業有限公司	04-24259869	台中市中清路 151-25 號
永誠行（精誠店）	04-24727578	台中市精誠路 317 號
永美製餅材料行	04-22058587	台中市北區健行路 665 號
永誠行（總店）	04-22249876	台中市民生路 147 號
德麥（台中辦事處）	04-23592203	台中市南屯區工業區 20 路 32 號

總信食品有限公司	04-22202917	台中市復興路三段 109-5 號
齊誠食品行	04-22343000	台中市雙十路二段 79 號
鼎亨烘焙食品器具材料行	04-26862172	台中市大甲區光明路 60 號
益豐食品原料（益富行）	04-25673112	台中市大雅區神林南路 53 號
美旗食品事業有限公司	04-24963456	台中市大里區仁禮街 45 號
豐榮食品	04-25271831	台中市豐原區三豐路 317 號
漢泰行	04-25228618	台中市豐原區直興街 76 號
永誠烘焙食品材料行（永誠行）	04-7243927	彰化市三福街 195/197 號
王成源家庭用品店	04-7239446	彰化市永福街 14 號
永明食品原料行	04-7619348	彰化市和美鎮彰草路二段 120-8 號
金永誠食品原料行	04-8322811	彰化縣員林鎮永和街 22 號
上豪食品原料行	04-92520248	彰化縣芬園鄉彰南路三段 357 號
宏大烘焙行	04-92933146	南投縣埔里鎮成功路 24 號之 5
順興食品原料行	04-92333455	南投縣草屯鎮中正路 587-3 號
信通食品行	04-92318369	南投縣草屯鎮太平路二段 60 號

雲嘉南

新瑞益原料行（嘉義）	05-2869545	嘉義市仁愛路 142 號之 1
大福食品原料行	05-2224824	嘉義市西榮街 135 號
名陽食品原料行	05-2650557	嘉義縣大林鎮自強街 25 號
彩豐食品原料行	05-5342450	雲林縣斗六市西平路 137 號
巨城食品香料原料	05-5328000	雲林縣斗六市仁義路 6 號
新瑞益原料行（雲林）	05-5963765	雲林縣斗南鎮七賢街 128 號
禾豐食品原料行	05-7833992	雲林縣北港鎮文昌路 140 號
松利食品行	06-2286256	台南市南區福吉路 3 號
瑞益食品有限公司	06-2224417	台南市中區民族路二段 303 號
富美工業原料行	06-2376284	台南市北區開元路 312 號

世峰行	06-2502027	台南市北區大興街 325 巷 56 號
永昌食品原料行	06-2377115	台南市東區長榮路一段 115 號
永豐食品行	06-2911031	台南市南區賢南街 51 號

玉記	08-9326505	台東市漢陽北路 30 號
永誠	06-9279323	澎湖縣馬公市林森路 63 號

高 屏

德興烘焙原料專賣店	07-3114311	高雄市三民區十全二路 103 號
德麥（高雄辦事處）	07-3970415	高雄市三民區銀杉街 55 號
正大食品機械器具	07-2619852	高雄市新興區五福二路 156 號
玉記	07-2360333	高雄市六合一路 147 號
旺來昌食品原料行	07-7135345	高雄市前鎮區公正路 181 號
新鈺成	07-8114029	高雄市前鎮區千富街 241 巷 7 號
十代有限公司	07-3813275	高雄市三民區懷安街 30 號
茂盛	07-6259679	高雄縣岡山鎮前鋒路 29-2 號
鑫蘢興業有限公司	07-7462908	高雄縣鳳山區中山路 237 號
全成製餅器具行	08-7524338	屏東市復興南路一段 146 號
裕軒食品有限公司	08-7374759	屏東市廣東路 398 號
裕軒食品原料行	08-7887835	屏東縣潮州鎮太平路 473 號
侑昌食品有限公司	08-7526331	屏東市大武路 403 巷 28 號

東部暨離島

欣新烘焙	03-9363114	宜蘭市進士路 155 號
德麥（宜蘭辦事處）	03-9315823	宜蘭市民權新路 191 號
典星坊	03-9557558	宜蘭縣羅東鎮林森路 146 號
萬客來食品原料行	03-8362628	花蓮市和平路 440 號
大麥食品原料行（門市部）		
	03-8461762	花蓮縣吉安鄉建國路一段 58 號
華茂	03-8539538	花蓮縣吉安鄉中原路一段 141 號

食品機械廠

德恩食品機械	02-27555561	台北市安和路二段 70 號 8 樓之 1
新麥企業	02-27033337	台北市復興南路一段 342 號 9 樓之 4
七堡企業	02-26107682	新北市八里區仁愛路 76 號
勤發機電	02-22023749	新北市蘆洲區三民路 128 巷 91 號
新迪工業	02-29828198	新北市五股區中興路二段 78-8 號
銓麥企業	02-26805715	新北市樹林區東園里田尾路 133 巷 18 號
湛勝食品機械	03-3325776	桃園市永安路 159-2 號
三能食品器具	04-22734582	台中市太平區光興路 733 巷 65 號
小林機械廠	04-25610858	台中市神岡區豐洲路 960 巷 55 弄 68 號
今日食品機械	04-25152816	台中市神岡區豐洲路 916 巷 38 弄 31 號
永全食品機械器具	04-25325766	台中市潭子區東寶里民族路一段 1 巷 76 號
金瑛發機械工業	04-8296166	彰化縣埔心鄉員鹿路四段 273 號
和康機械	05-2393356	嘉義縣中埔鄉和興村公館 97-11 號
百城機械企業	06-2683899	台南市仁德區文華路 3 段 69 號
正大食品機械	07-2619852	高雄市五福二路 156 號
總興實業	07-6166555	高雄市燕巢鄉安招路 669 號
浩勝食品機械	03-9908559	宜蘭縣五結鄉利興二路 7 號

月餅飄香五月天

　　自從接到這本「月餅鉅作」，初次翻閱那厚度為電話簿兩三倍的手寫原稿，看著稿子上蒼勁的字跡以及圖文並茂的內容，我就明白這本書在編輯上的操作難度，將是非同小可的任務。

　　雖然月餅製作這個領域對我而言並不算太陌生（大學時代好歹修習過相關課程，甚至也烤過月餅、蛋黃酥），但是面對和龍鳳印有著90%相似度的字跡，以及作者曹伯伯數十年來心血結晶的超專業內容，我仍花了整整一個月的時間，才將原稿在電腦上編排整理成層次清晰的檔案；同時也在一字一句整理這本原稿長達八、九萬字的過程中，由對於月餅製作有著模糊概念的「初級階段」，晉升到「半職業級」的水準。雖然稿子上的螢光標籤已被我貼得有如滿天飛揚的旗幟，此後更特別請曹伯伯北上，花費了整整七小時來討論釐清問題（於後更通了不下數十次的長途電話），當下即使有著所謂「柳暗花明」般的心情，但沒有料到的是，我僅是撥開了迷霧，自此才要開始走入更深奧的月餅製作領域。而撇開本書的內容專業度不談，光是要將幾近十萬字豐富精深卻又千頭萬緒的文章，彙整成規格一致、容易閱讀、條理清晰的內容，便是一件浩大到只能含淚埋頭苦幹的可怖工程。

　　在將曹伯伯歷經數十年的月餅研究內容，內化成我心裡的資料庫之後，我不時地在想著：這本書的內容應該怎麼安排才順暢？如此專業艱深的內容，又該鎖定在哪一帶的讀者群？而讀者除了目前作者提供單純的文字內容，是否還更希望看到更多的製作步驟圖，以及更多在製作月餅前後的基礎理論？……等等。既然是這麼一本專業用書，我們期待讀者不是只會按照食譜配方做月餅而已，更要學會紮實的基礎，也就是要能具備換算配方材料的基本能力，於是我盡所能地將原稿中散落在各前後篇章裡、關於製作設備、材料介紹等等相關資料匯整，同時並加入烘焙百分比計算、月餅製作流程重點以及閱讀本書之前最重要的專業操作術語等單元，期待本書能提供給讀者最完備且實用的內容。

　　在整個編輯過程中，最費神的莫過於前期的資料匯整、後續歷經不下五次的內容修訂與本書版面的設計編排了。要如何讓厚達二百多頁的精彩內容，得以清晰有條理地呈現在有限的頁面裡，以上不僅是令人頭痛的問題，先有稿子再歸納成書的編輯方式，難以避免也會出現規格無法統一的窘境，實在也折煞了我們的小美編。而在後續上機編排的期間，我也花了極多心思做內容上的增修，希望讀者翻閱時更順暢，同時也能獲取更完整的資訊內容。不過幸好曹伯伯總是不厭其煩地再三為我解釋及補充關於月餅製作技術上的所有疑問，我們才能完成這本鉅著。

然而在本書的編輯過程中最有趣的階段，莫過於是圖片的拍攝了。在花了整整兩天梭巡於迪化街採買製作月餅的各式材料，裝了一大一小沉甸甸的兩只旅行箱並運送到公司後，就在距離中秋還有遙遙數月的五月天裡，我們籌備多時的攝影棚與廚房終於開張！攝影期間，沒料到身為編輯的我居然被派作操作示範，於是我便在曹伯伯的專業指導下，一面進行示範操作、一面還得提醒攝影師下一張的拍攝畫面，同時也要隨時注意後續的操作安排，一心三用的程度簡直超乎自己的想像。而第一階段長達四天的攝影期間，整間辦公室也為之熱絡了起來。同事們總是興味盎然卻安靜地站在一旁觀看工作情況，並適時地為雙手沾滿麵粉的我伸出援手（像是遞紙巾、秤材料、標號碼、安排伙食等等），當我們進行到冰皮月餅的拍攝單元時，同事們終於禁不住誘惑，紛紛洗淨雙手，在曹伯伯的親切指導下開始了月餅 DIY 的新奇體驗。當一顆顆或美麗或歪斜的冰皮月餅自餅模中扣落出來時，大家也在驚嘆與揶揄交錯的歡樂氣氛下，結束了一場混亂中又帶點興奮的攝影工作。

　　回顧從一開始接觸這本書，到現在已至尾聲的五個月來，歷經了數個階段：有極度耗費心思的文字彙整、有超極透支體力的拍攝作業，也有傷透腦筋的版型呈現設計、頁面上永遠缺一塊文案的補字寫稿歷程，以及無數個和小美編一起熬夜加班修稿的日子……，期間隨著本書內容的日漸齊備，對於市場定位與定價也歷經了不下三次的討論更動，目的無非是希望能將作者多年來寶貴的研究成果與所有的讀者分享，同時也希望對於月餅這項名聞中外的傳統美食點心的製作技法，得以藉由本書公開地保存下來。

　　五個月以來，所有辦公室的同事們都曾為本書投注心力並給予寶貴的意見，希望一切的辛苦，在成書後都能獲得肯定、值回票價！

劉淑蘭　2004 年 8 月

國家圖書館出版品預行編目資料

專業月餅製作大全 / 曹健著 . -- 二版 . -- 臺北市：
積木文化出版：家庭傳媒城邦分公司發行 , 民 103.02
208 面 ；21×28 公分 . -- （食之華；18）
ISBN 978-986-5865-44-3 （精裝）
1. 月餅 2. 點心食譜

427.16   102026640

食 之 華   18

專業月餅製作大全《暢銷紀念版》

作　　者／曹　健
審　　訂／周清源
攝　　影／周禎和
責任編輯／劉淑蘭

發 行 人／凃玉雲
總 編 輯／王秀婷
版　　權／徐昉驊
行銷業務／黃明雪
出　　版／積木文化
　　　　　台北市 104 中山區民生東路二段 141 號 5 樓
　　　　　電話：(02)25007696　傳真：(02)25001953
　　　　　讀者服務信箱：service_cube@hmg.com.tw
發　　行／英屬蓋曼群島商家庭傳媒股份有限公司城邦分公司
　　　　　台北市民生東路二段 141 號 11 樓
　　　　　讀者服務專線：(02)25007718-9　　24 小時傳真專線：(02)25001990-1
　　　　　服務時間：週一至週五 09:30-12:00、13:30-17:00
　　　　　郵撥：19863813　　戶名：書虫股份有限公司
　　　　　網站：城邦讀書花園　網址：www.cite.com.tw
香港發行所／城邦（香港）出版集團有限公司
　　　　　香港灣仔駱克道 193 號東超商業中心 1 樓
　　　　　電話：852-25086231　　傳真：852-25789337
　　　　　電子信箱：hkcite@biznetvigator.com
馬新發行所／城邦（馬新）出版集團
　　　　　Cite (M) Sdn. Bhd.
　　　　　41, Jalan Radin Anum, Bandar Baru Sri Petaling,
　　　　　57000 Kuala Lumpur, Malaysia.
　　　　　電話：603-90578822　傳真：603-90576622

封面設計／楊啟巽工作室
美術設計／翁秋燕
印　　刷／上晴彩色印刷製版有限公司

2004 年 9 月 10 日初版　　　　　　　　　　　　Printed in Taiwan.
2021 年 11 月 9 日二版 6 刷
定價／1500 元
ISBN 978-986-5865-44-3 （精裝）

城邦讀書花園
www.cite.com.tw

特別感謝以下廠商，在本書製作過程中提供樣品或照片協助

七堡企業有限公司　　　　　　　　(02)2283-9985
三能食品器具股份有限公司　　　　(04)2273-4582
大億烘焙器具有限公司　　　　　　(02)2883-8158
正大食品機械有限公司　　　　　　(07)261-9852
永全食品機械器具股份有限公司　　(04)2532-5766
和康機械股份有限公司　　　　　　(05)239-3356
德恩食品機械股份有限公司　　　　(02)2755-5561
總興實業股份有限公司　　　　　　(07)616-6555

以上順序依筆劃編排

旅遊生活

養生

食譜

收藏

品酒

設計　　語言學習

育兒

手工藝

靜態閱讀，互動 app，一書多讀好有趣！

CUBE PRESS Online Catalogue
積木文化・書目網

cubepress.com.tw/books

LIGHT　HANDS　art school　遊藝館　五感生活　飲饌風流　食之華　五味坊　漫繪系　deSIGN+　wellness